营城造市

TOWN AND CITY CONSTRUCTION

当代中国建筑方案集成❸（医疗、体育）

同筑国际◎主编

中国林业出版社

图书在版编目（ＣＩＰ）数据

营城造市．医疗、体育 / 同筑国际主编 ．—— 北京：中国林业出版社，2013.11

ISBN 978-7-5038-7234-1

Ⅰ．①营… Ⅱ．①同… Ⅲ．①医院－建筑设计－作品集－中国－现代②体育建筑－建筑设计－作品集－中国－现代 Ⅳ．① TU206

中国版本图书馆 CIP 数据核字（2013）第 243604 号

本书编委会

主　　编：李岳君　　孔　强
副 主 编：杨仁钰　郭　超　　王月中　　孙小勇
编写成员：王　亮　文　侠　王秋红　苏秋艳　刘吴刚　吴云刚　周艳晶　黄　希
　　　　　朱想玲　谢自新　谭冬容　邱　婷　欧纯云　郑兰萍　林仪平　杜明珠
　　　　　陈美金　韩　君

中国林业出版社
责任编辑：李　顺　唐　杨
出版咨询：（010）83223051

出　版：中国林业出版社（100009 北京西城区德内大街刘海胡同 7 号）
网　址：http://lycb.forestry.gov.cn/
印　刷：北京卡乐富印刷有限公司
发　行：中国林业出版社发行中心
电　话：（010）83224477
版　次：2014 年 1 月第 1 版
印　次：2014 年 1 月第 1 次
开　本：889mm×1194mm 1 / 16
印　张：19
字　数：200 千字
定　价：320.00 元

前 言

营城造市，一般指在现代城市建设中的超级大盘。美国城市规划学家埃罗·沙里宁曾说："城市是一本打开的书，从书中可以看到他的抱负"。那我们认为，大盘就是书中的章节，从他的整个开发设计中可以窥究城市的发展。

在一座城市的营建改造过程当中，一定是多种完善的配套建筑共同构成，这其中包括城市规划、市政工程、大型商业综合体（写字楼、医院、学校、购物中心、主题公园、酒店、旅游度假、住宅、公寓等等）来共同组建而成。《营城造市》丛书在当代中国的建筑近几年的作品当中甄选了大量的实际案例，全方位地向世人展示了现代中国建筑师们充满智慧的创作作品，充分体现了他们多元化的设计风格：新西洋式建筑、纯乡土的设计、民族地域形式，亦有前卫的智能化的设计。而无论哪种形式的建筑设计，最终都要服从于功能，而节能、实用、美观、坚固、环保必是今后城市发展长期的趋势和需求。

本套丛书信息量巨大，涉及的内容也非常广泛，编者在收集、整理过程中尽量做到遴选认真，切实反映每个项目的全貌，但因水平有限，书中难免出现纰漏，恳请读者不吝指正，为本系列书的不断进步提出宝贵意见。

本书编委会

2013 年 10 月

目录 CONTENTS

目 录 CONTENTS

医疗项目

Health Projects

当代中国建筑方案集成 3 医疗体育

广西区人民医院肿瘤病房楼

工程档案

建筑设计：广西华蓝设计（集团）有限公司
项目地址：广西南宁市
建筑面积：28282.61㎡

项目概况

广西区人民医院肿瘤病房楼总建筑面积 28282.61㎡，其中地上 26790.37㎡，地下 1492.24㎡，地上十九层，地下一层，病床楼总床位数 657 床。该项目为一类建筑，耐火等级为 1 级，抗震烈度为 6 度。

该项目为综合医院肿瘤科集检查、治疗、住院、手术为一体的综合楼，建筑功能复杂，治疗空间、防辐射放射、流线分离等方面要求高，在建筑、结构布置上形成一定技术难点。曲尺形护理单元也是一种新尝试，效果良好。项目采用了冰蓄冷、变频多联、空气源热泵、全热回收、太阳能等多种节能技术，使用后达到预期效果。

项目严格按规划要求退后红线。建筑布局为"L"形，有效克服用地南北朝向面较窄的不利因素，为护理单元争取到最好的日照和通风朝向，医护人员用房独立成区，位于护理单元北向，整个大楼经济合理地占用了基地的长边，并且围合出一个专区庭园，营造宜人的环境氛围。总平面布局注重各种人流、物流合理安排与分流，病人与探视、外来人流经过小花园从护理单元北向进入住院部大堂，医护人员由大楼北部入口直接进入专用候梯厅，与病患、探视人流不交叉；供给部分利用大楼北部入口，靠近医院后勤供给部分，而污物由大楼西端出入口流出。总平的布局使使流线互不干扰，自成体系，做到医患分流，洁污分流，外来与内部使用的分流。

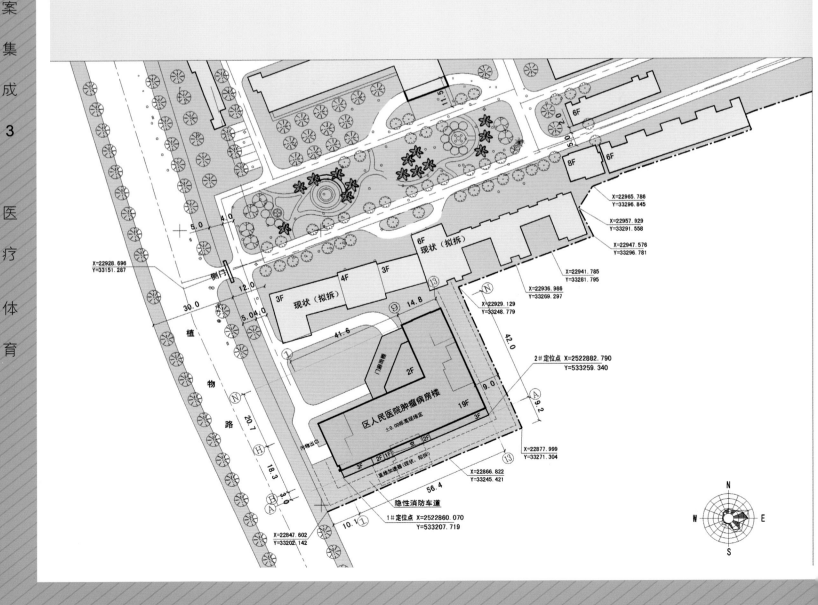

设计特点

医院建筑正由于其功能对于生命的承载，使得功能的效率和安全成为医疗建筑设计成功与否的关键，在此前提下寻求高技术与高情感的平衡，创造人性化的医疗环境，是我们进行医疗建筑设计的一大原则。根据肿瘤大楼的平面使用功能及有关规范，体现以下原则：

1. 部门的配置同时兼顾医疗流程与经营管理。

2. 相互关联与支援部门需透过水平整合或垂直输送系统联结。

3. 平面的设置安排满足医疗功能使用与各种设备安装的需要。

4. 体现对病患与医护人员双重关怀。

肿瘤大楼一、二、三层治疗用房的特点以及病房单元的重复，成为医院外观设计的重要因素。本设计在这种体量外观基础上，做适当变化，点缀使其更为丰富。开窗的形式和阳台构造，基本是一种模块的重复，富有韵律感；入口雨篷的处理巧妙轻盈、简洁透亮，楼梯间的凸现，平稳扎实；病房晾衣挡板，既满足了使用要求，又保持了立面整洁，还丰富了立面的立体感，色彩、面材、线脚的选择经济、实用、美观。大楼的落成后将与院区原门诊大楼相互辉映，为环境增色，使社会效益与经济效益协调统一。

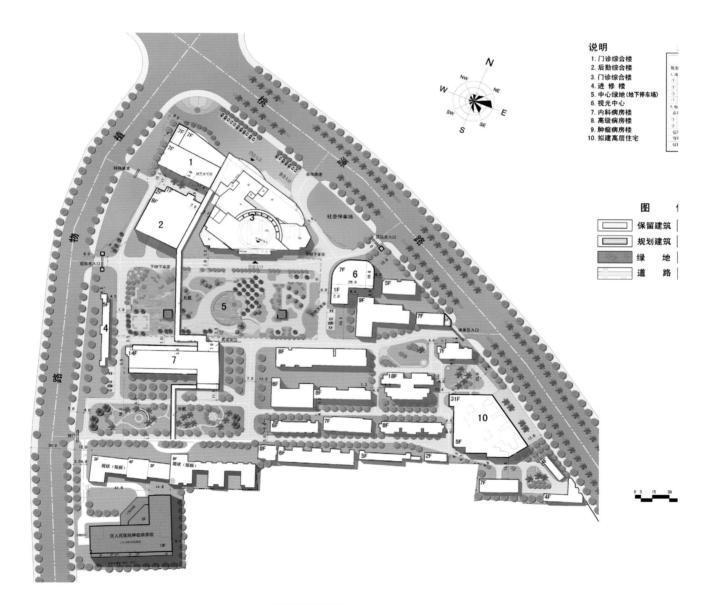

说明
1.门诊综合楼
2.后勤综合楼
3.门诊综合楼
4.进修楼
5.中心绿地(地下停车场)
6.视光中心
7.内科病房楼
8.高级病房楼
9.肿瘤病房楼
10.拟建高层住宅

图　例
保留建筑
规划建筑
绿　地
道　路

医院总平面图

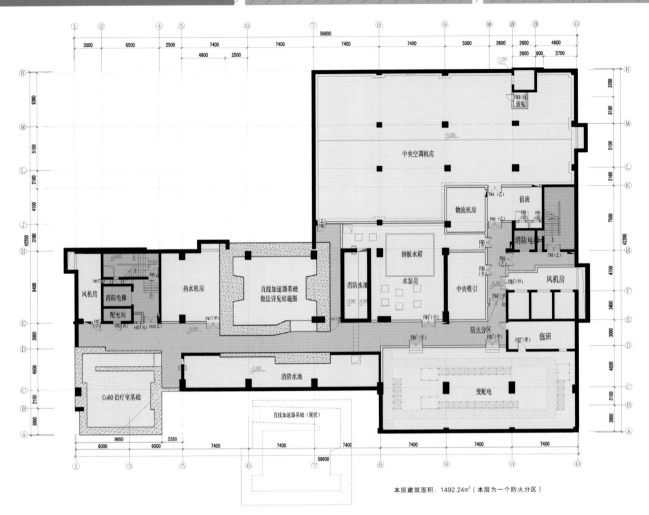

本层建筑面积：1492.24m²（本层为一个防火分区）

地下一层平面图

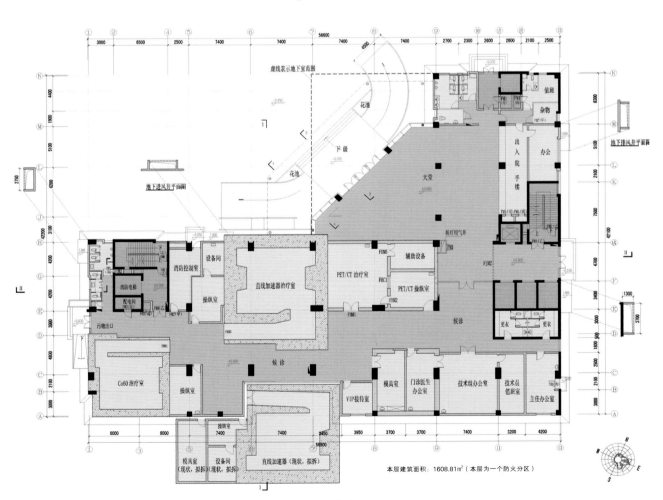

本层建筑面积：1608.81m²（本层为一个防火分区）

一层平面图

本层建筑面积：1448.72m²（本层为一个防火分区）

二层平面图

本层建筑面积：1441.60m²（本层为一个防火分区）

三层平面图

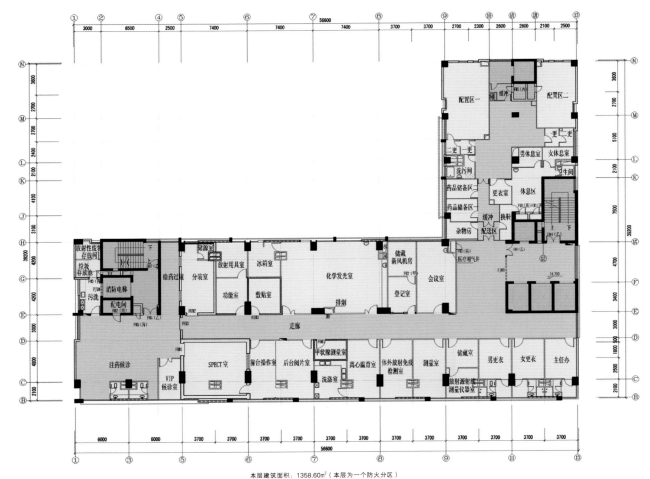

本层建筑面积：1358.60㎡（本层为一个防火分区）

四层平面图

008

本层建筑面积：1358.60㎡（本层为一个防火分区）

五、六、七层平面图

本层建筑面积：1358.60m²（本层为一个防火分区）

八～十六层平面图

本层建筑面积：1358.60m²（本层为一个防火分区）

十七、十八层平面图

本层建筑面积：1358.60㎡（本层为一个防火分区）

十九层平面图

010

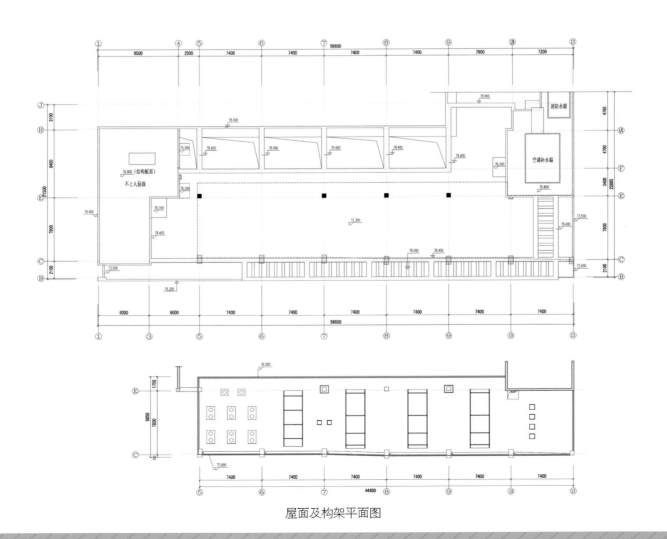

屋面及构架平面图

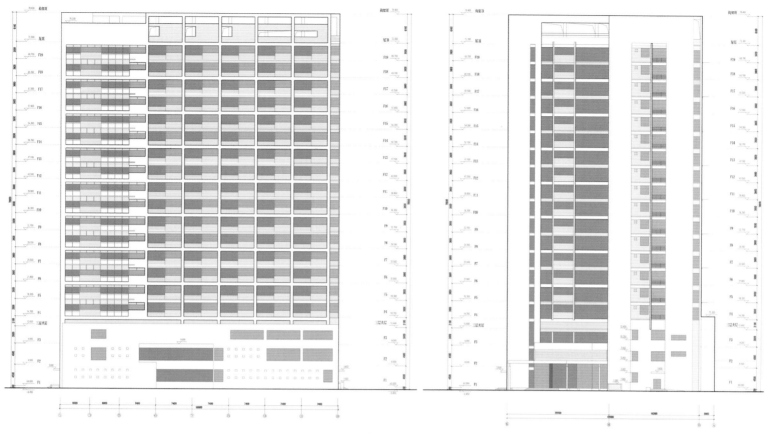

立面图

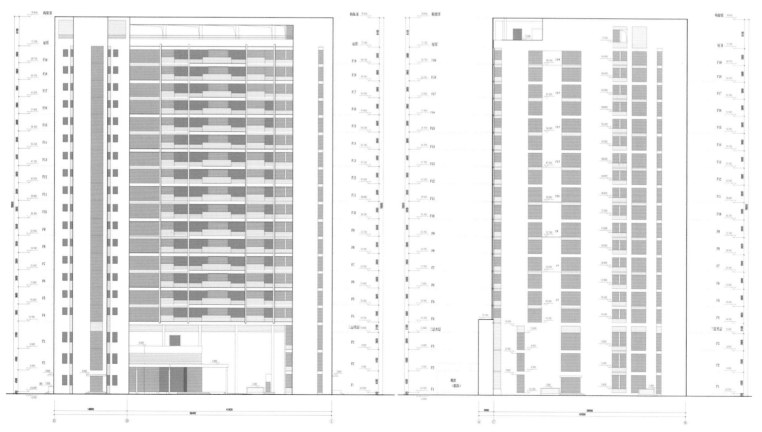

立面图

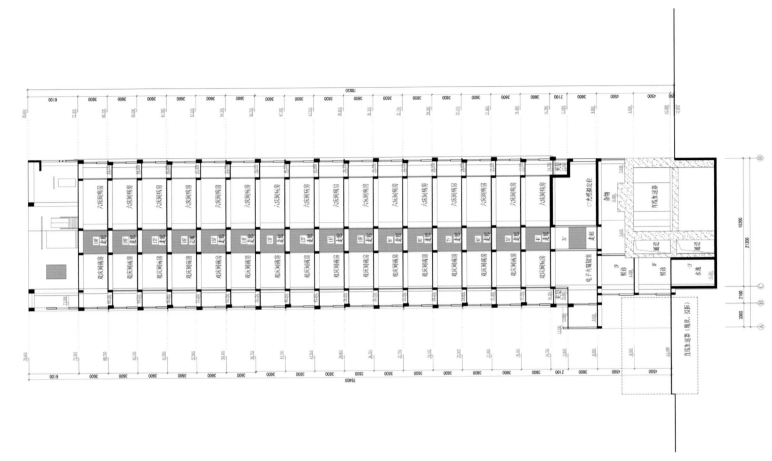

剖面图

012

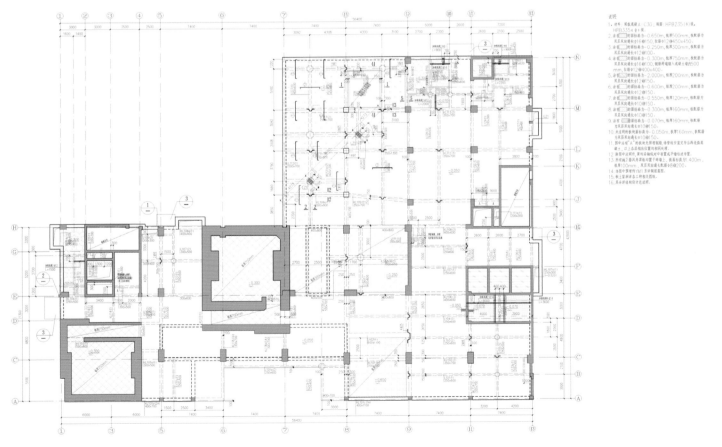

首层平面结构布置及板配筋图

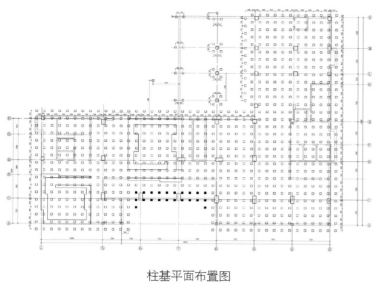

柱基平面布置图

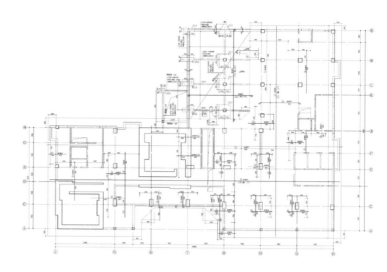

地下室底板及筏板配筋图

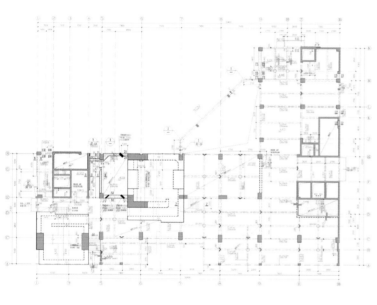

二层平面结构布置图

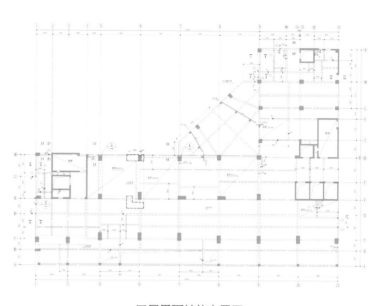

三层平面结构布置图

013

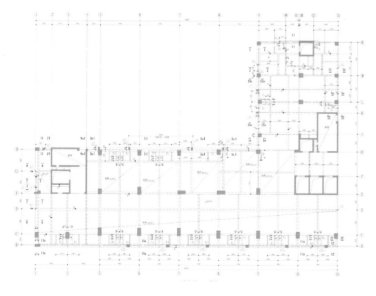

四层平面结构布置图

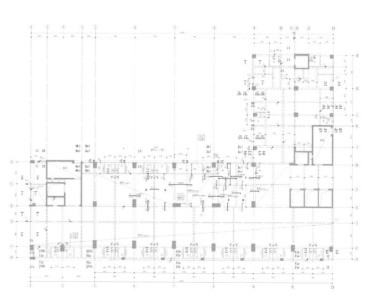

五～十八层平面结构布置图

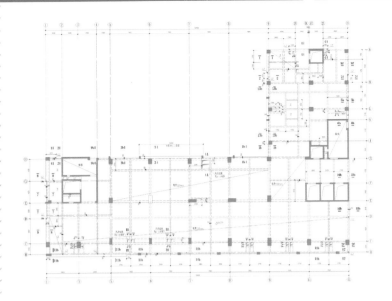

十九层平面结构布置图

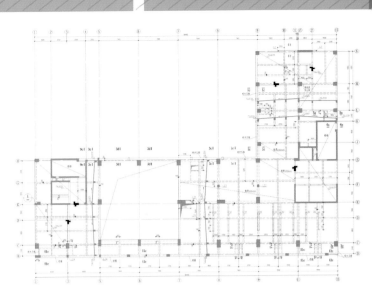

屋顶平面结构布置图

014

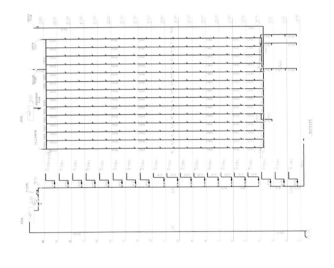

生活给水系统图

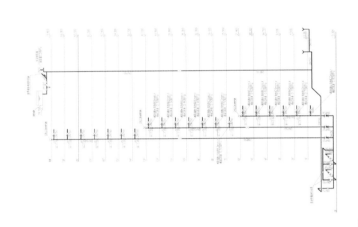

自动喷淋给水系统图

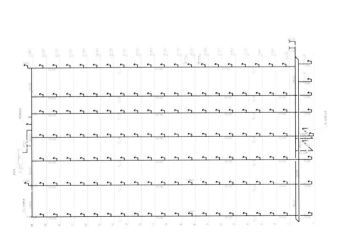

消火栓给水系统图

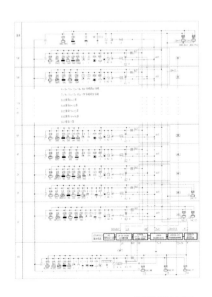

消防系统图

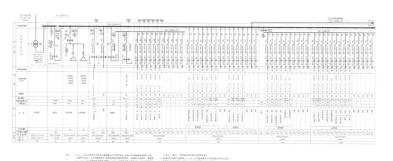

低压配电系统图一

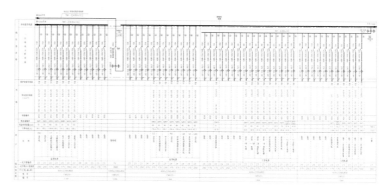

低压配电系统图二

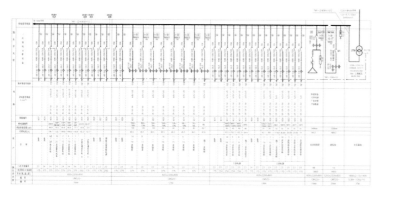

低压配电系统图三

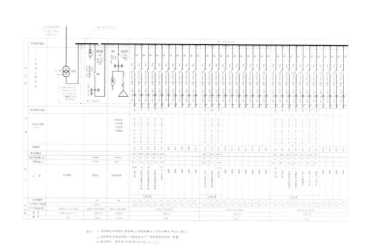

低压配电系统图四

高压配电系统图

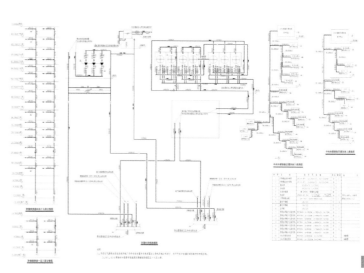

空调系统图

当代中国建筑方案集成 3 医疗体育

广西中医学院第一附属医院住院综合楼

工程档案

建筑设计：广西华蓝设计（集团）有限公司
项目地址：广西南宁市
建筑面积：50812m²
地上建筑面积：46456m²
地下建筑面积：4356m²
占地面积：3227m²
用地面积：8068m²
容 积 率：5.6
绿 化 率：20%
建筑密度：40%

设计特点

　　住院综合楼用地位于南宁市广西中医学院一附院内一块狭窄空地中，呈长方形，按医院计划，现内科楼在住院综合楼建成投入使用后改为门诊楼。按规划条件，综合楼高层距东葛路29m，建筑裙房和原内科楼、急诊楼紧连建造。在综合楼地下室的北侧考虑留有接二期地下车库连接口，由于用地狭小，建筑在满足规划要求前提下尽量占满用地，综合楼主入口和住院部入口设在南面临东葛路，综合楼二层的电梯厅开向北面大院，联系便捷，综合楼和原内科楼则通过二层的过厅联系，可分可合，便于管理，流线布局合理实用。用地呈台地式高差，南面低北面约4m，建筑物利用高差，底层和东葛路相接，二层和北面大院相接，场地平整土方量少。

　　住院综合楼采用高效节能型荧光灯和其他节能型光源。空调冷源采用离心式水冷冷水机组，空调热源采用电热锅炉。各空调房间均采用风机盘管加新风方式，各房间采用温控器控制室内温度。医院是一个能量消耗比较集中的场所，对电、热、冷的需求量较大，在医院的运营成本占有一定的比例，住院综合楼的节能设计，使医疗资源、空间与设备的试用达到最佳使用率；营造了一个舒适有效的工作空间，即不拥挤也不浪费，使医院的运行既满足使用要求，又尽可能达到节能效果。建筑厅称本楼为广西节能建筑第一楼。

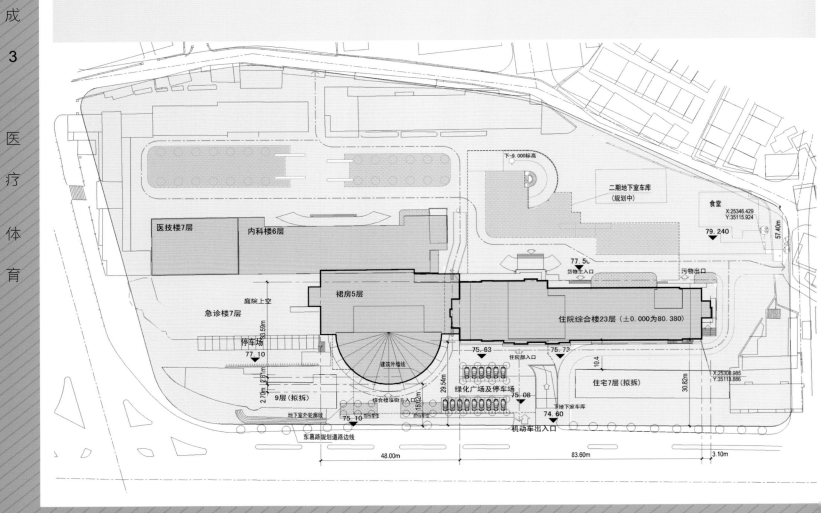

项目功能及布局

　　广西中医学院第一附属医院住院综合楼总建筑面积 50812m²，地上二十三层，地下一层，裙房 5 层，总病床数 888 床。该项目为一类建筑，耐火等级 1 级，抗震烈度 6 度，设 6 级人防，配备智能化楼宇管理系统、中央空调系统、空气净化系统、中央医疗用气系统。

　　综合楼与原内科楼、急诊楼联结建设。在综合楼地下室的北侧考虑留有接二期地下车库连接口，由于用地狭小，建筑在满足规划要求前提下尽量占满用地，综合楼主入口和住院部入口设在南面临东葛路，综合楼二层的电梯厅开向北面大院，联系便捷，综合楼和原内科楼则通过二层的过厅联系，可分可合，便于管理，流线布局合理实用。用地呈台地式高差，南面低北面约 4 米，建筑物利用高差，底层和东葛路相接，二层和北面大院相接，场地平整土方量少。

　　住院综合楼，主要功能为手术部和内科住院部。地下一层主要布置人防、制冷机房、中央吸引机房、水池、水泵房、高低压配电、发电机房、中心供应用房等，小车位共 48 个。一至二十三层根据医院的使用功能要求作垂直分布，首层布置两层高的大厅和住院部门厅，以及以对医院为主的快餐厅。二层为药房和药库，结合原内科楼底层部分房间设收费过厅，在主楼范围内设夹层充分利用空间，以解决中心药房和医药科的部分办公用房。三层为手术部和 ICU 病房。五层裙房为大会议室，疏散到二层后到室外，所以大会议室的疏散楼层应为三层，面积 625m²，座位布置部分拟采用带桌子的椅子，1.4m²/ 人，使用人数 450 人。四层主楼部分和五层以上为内科各科室病房。

　　五层以上为标准层，板式建筑，每层为一个护理单元。住院部护理采用中廊式条形单元，护士站设在北面，位于走廊的中间，西端为医疗教学用房，东端为病房，从监控、采光、管理各个方面都可以得到满足。医护部分相对独立自成一区，保证其拥有不受干扰的环境。病房大都设在南面，保证病人有良好舒适的环境。病房卫生间靠外墙布置，不影响护士在走廊观察病人情况，卫生间可直接通风采光，对其清洁卫生也起到良好作用。阳台的设置既可提供病人休闲观景平台及晾衣场所，又能起到遮阳作用，避免南方灼热阳光直射室内。

　　垂直交通通过 6 台医用电梯、3 台客用电梯及 2 台自动扶梯和两个疏散楼梯解决，做到医患分流、洁污分流。

　　综合楼建筑的立面设计突出南方医疗建筑的个性特征，强调内在功能美和外在形式美的有机结合。立面处理分裙房、主体、顶部三部分。裙房以大挑檐和外柱廊为元素，体现了南方建筑"骑楼"的韵味；主体利用水平通窗和封闭阳台、阳台栏板形成的细部具有丰富的阴影变化，强调水平线条，给人以稳重平和的印象；顶部利用高出屋面的机房形成两个塔式构筑物，颇具南方传统建筑的特点，以体现传统中医的特征。建筑物主要使用浅色外墙装饰材料，主楼使用进口外墙涂料和淡蓝色镀膜玻璃，裙楼使用花岗岩及铝板、组合透明白玻。综合楼的建筑形象朴实大方，使病人感到亲切自然、舒适温暖，从而产生对医院的信赖感，增强战胜疾病的信心和勇气。

018

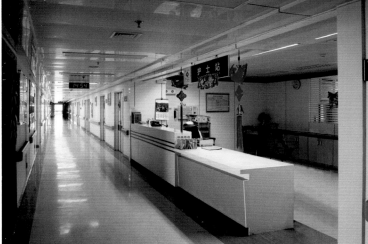

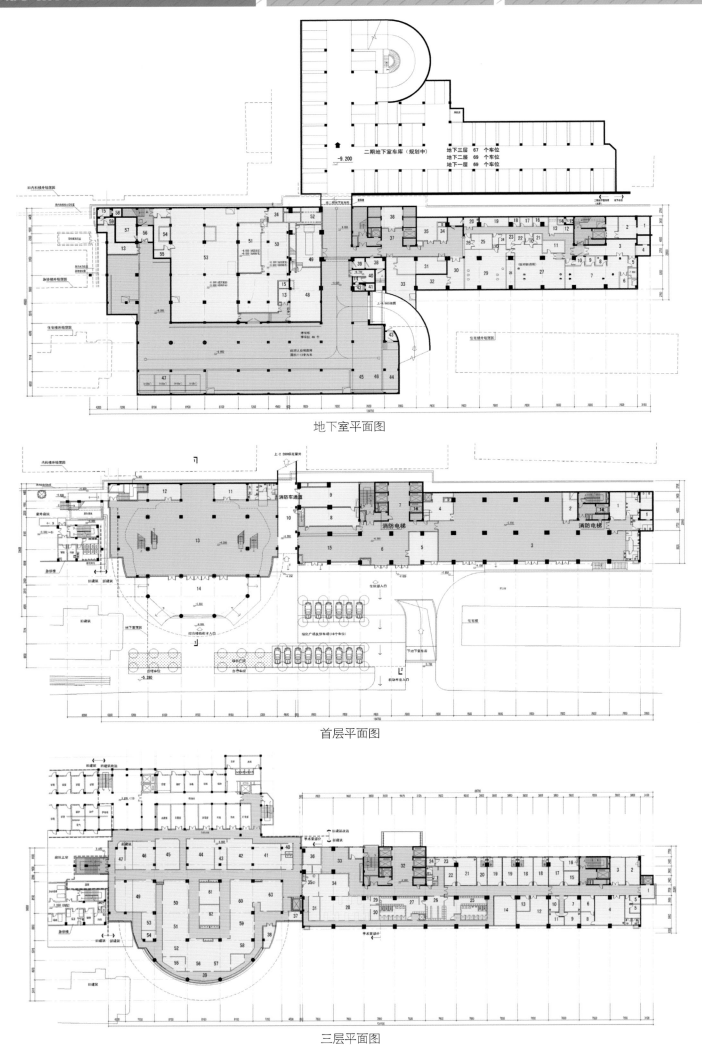

地下室平面图

首层平面图

三层平面图

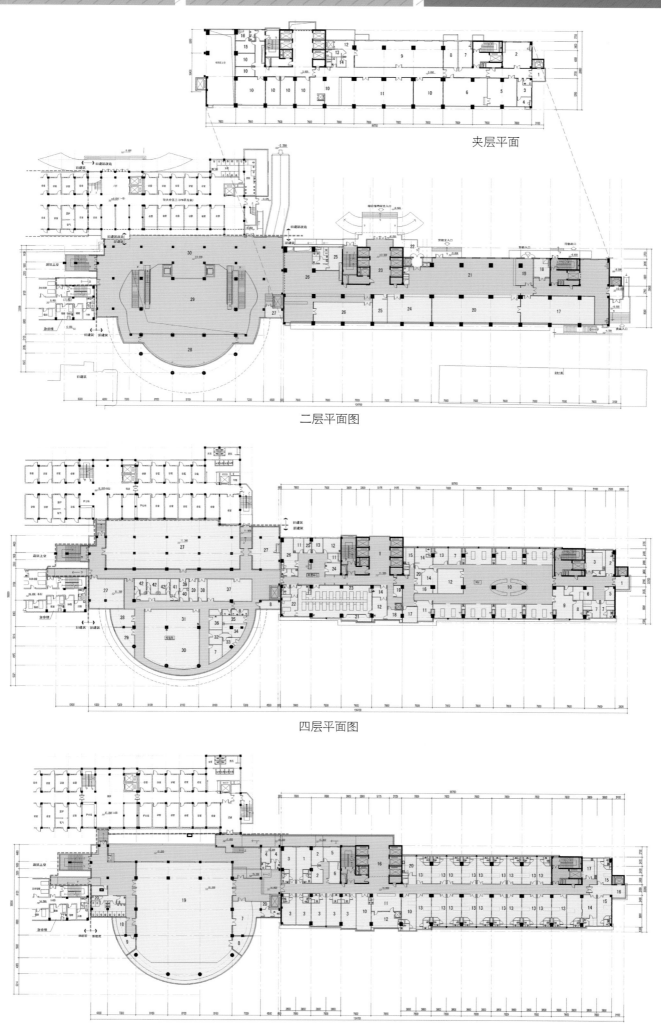

夹层平面

二层平面图

四层平面图

五层平面图

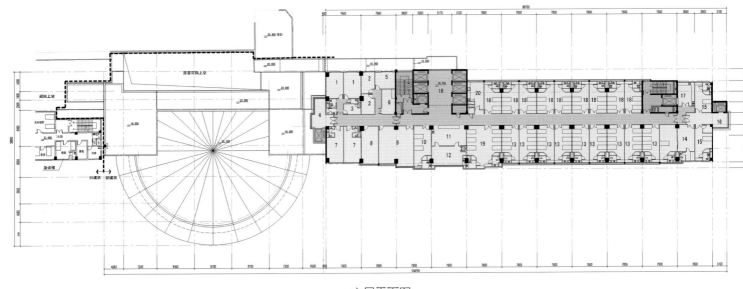

六层平面图

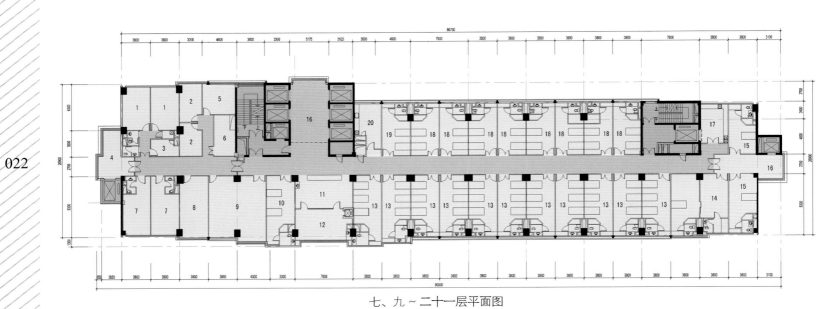

七、九～二十一层平面图

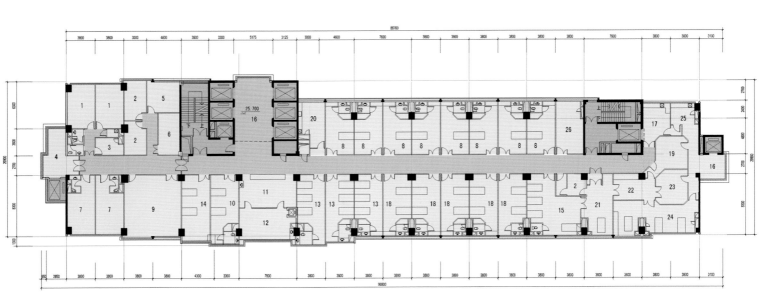

八层平面图

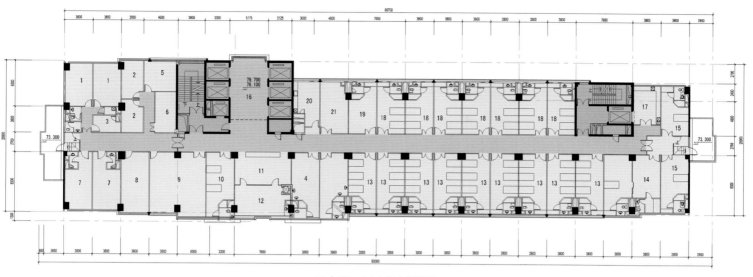

二十二、二十三层平面

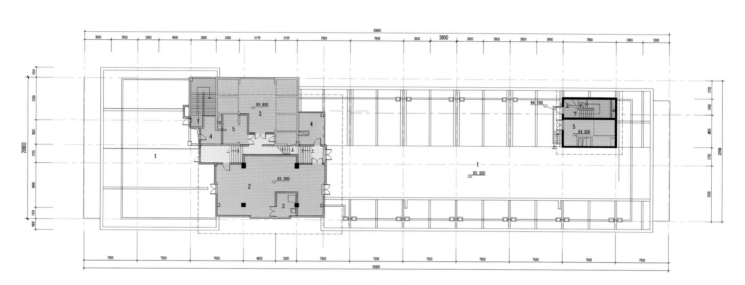

屋顶电梯机房平面

023

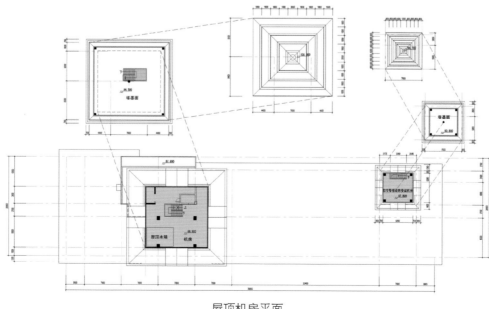

屋顶机房平面

024

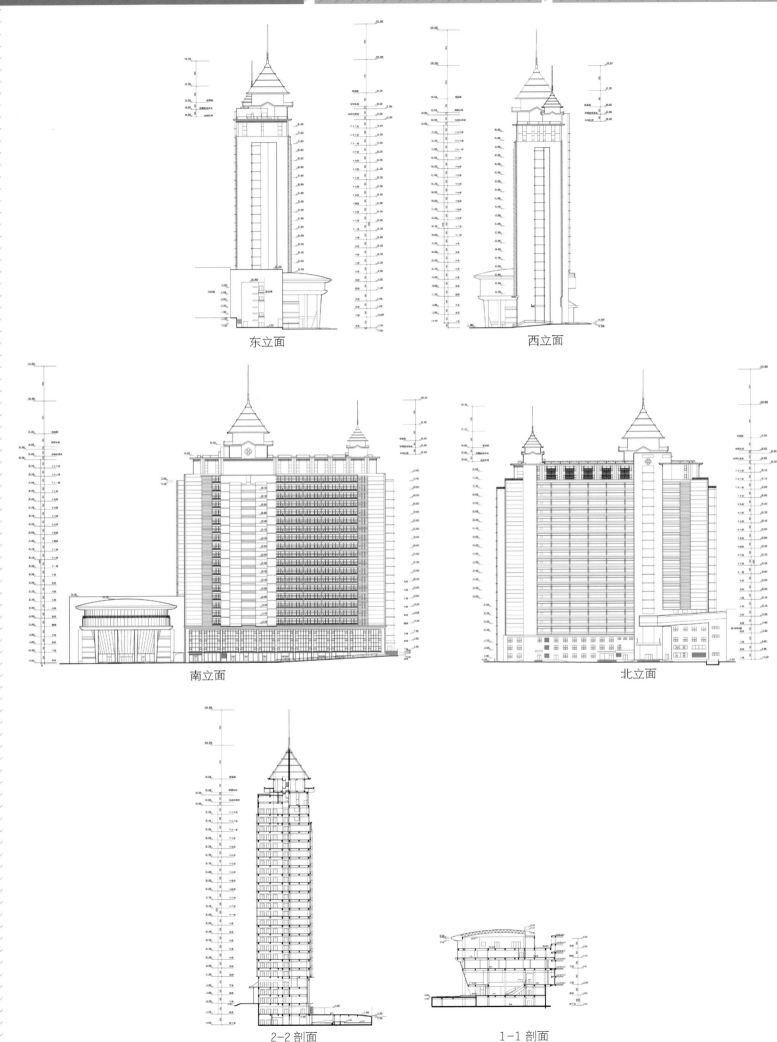

东立面

西立面

南立面

北立面

2-2 剖面

1-1 剖面

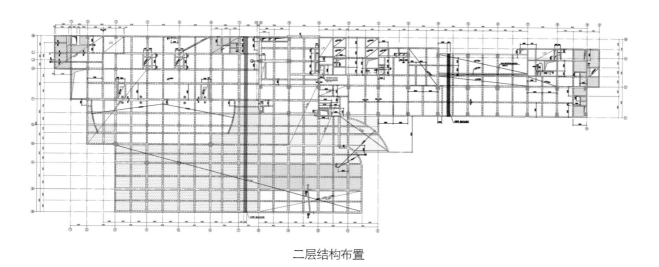

基础平面布置

二层结构布置

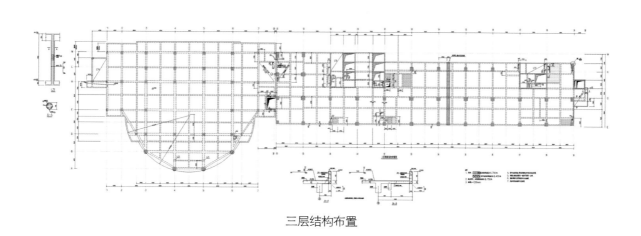

三层结构布置

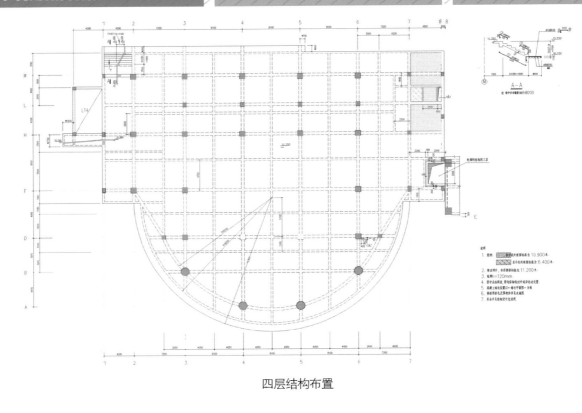

四层结构布置

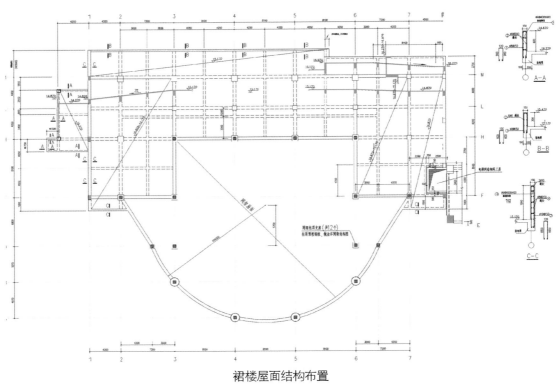

裙楼屋面结构布置

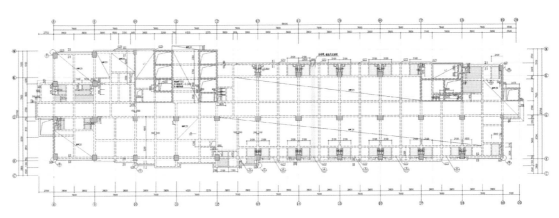

标准层结构布置

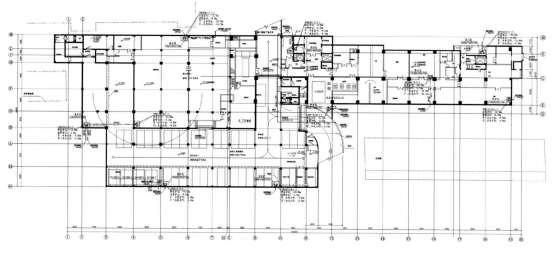

地下室给排水

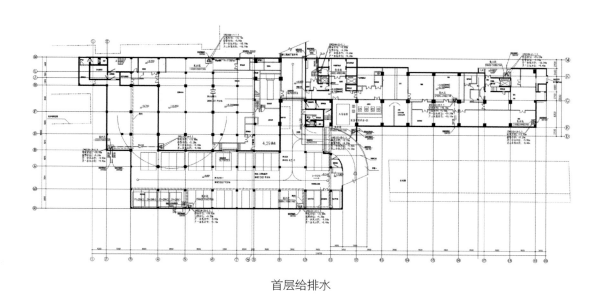

首层给排水

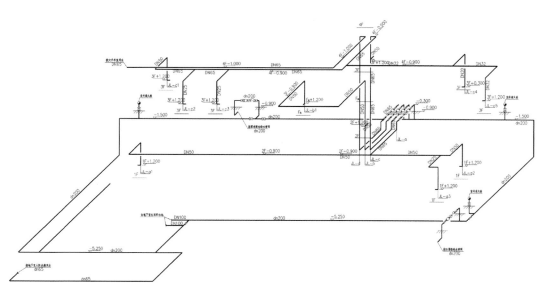

一 ~ 三层给水系统图

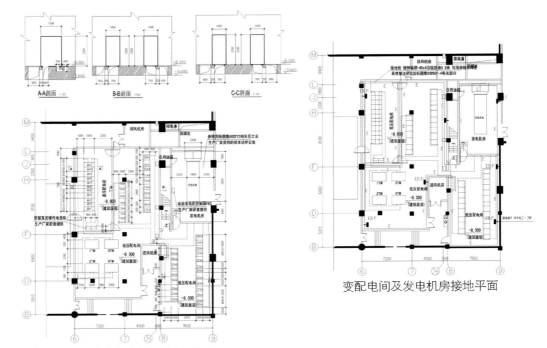

变配电间及发电机房接地平面

变配电间及发电机房设备布置平面

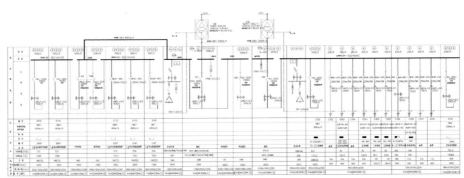

低压配电系统图（一）

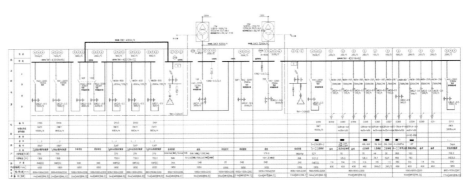

低压配电系统图（二）

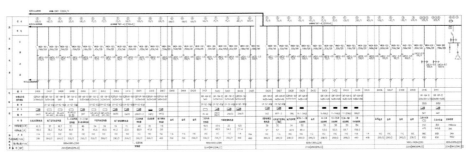

低压配电系统图（三）

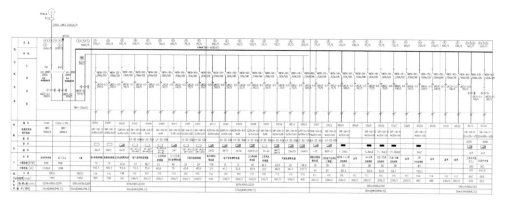

低压配电系统图（四）

高压配电系统图

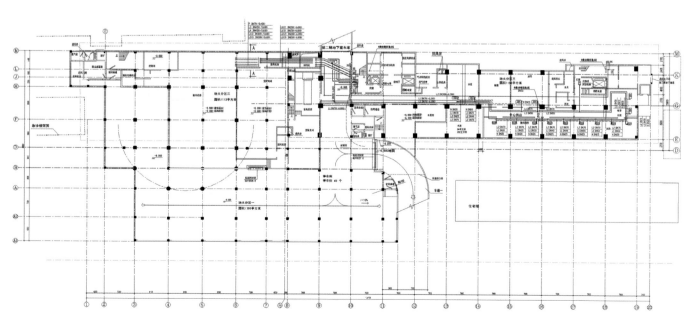

地下一层空调水管

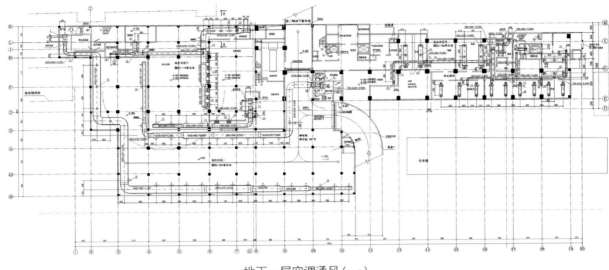

地下一层空调通风（一）

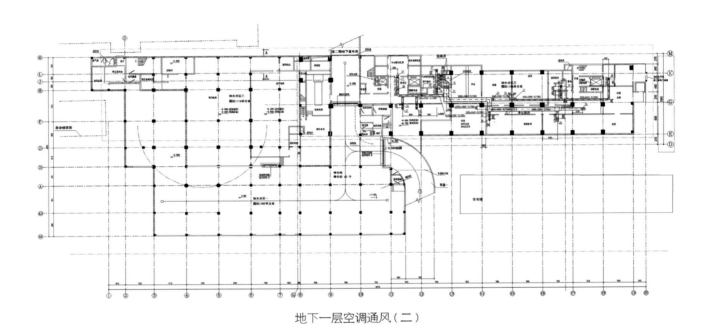

地下一层空调通风（二）

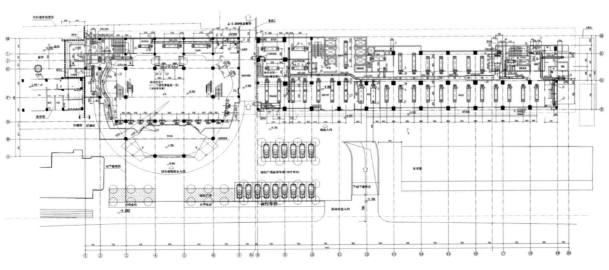

一层空调通风

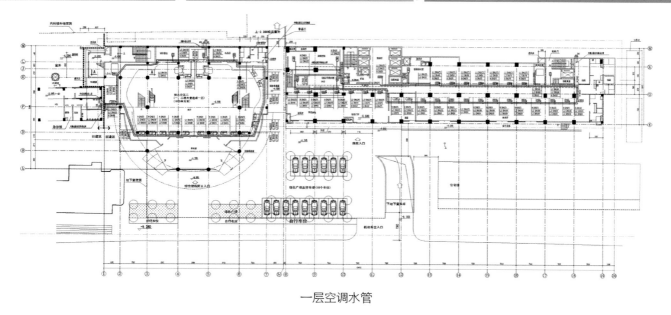

一层空调水管

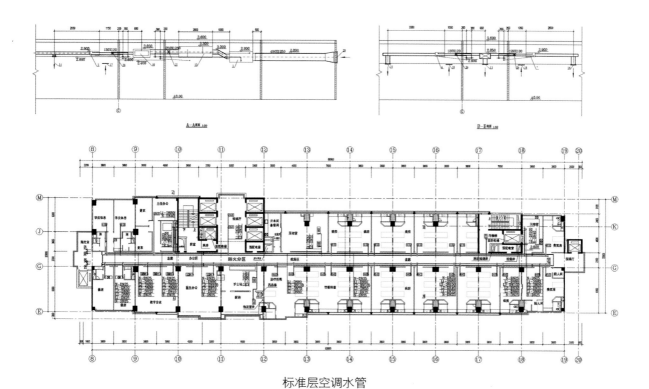

标准层空调水管

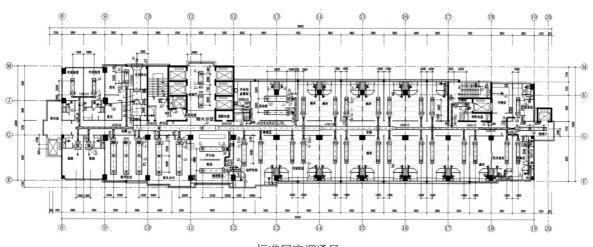

标准层空调通风

北京朝阳医院改扩建一期工程 门急诊及病房楼

工程档案

建筑设计：中国中元国际工程公司
项目地址：北京朝阳区
建筑面积：84100m²
建筑高度：59.8m

项目概况

　　北京朝阳医院位于北京市白家庄路 8 号，CBD 中心区，医院总占地面积 5.07 万平方米，为 2008 年北京奥运会定点医院。改扩建一期工程门急诊及病房楼是一栋集门诊、急诊、医技、病房等为一体的医疗综合楼，总建筑面积 8.41 万 m²，地上 13 层、地下 3 层，建筑高度 59.8m。

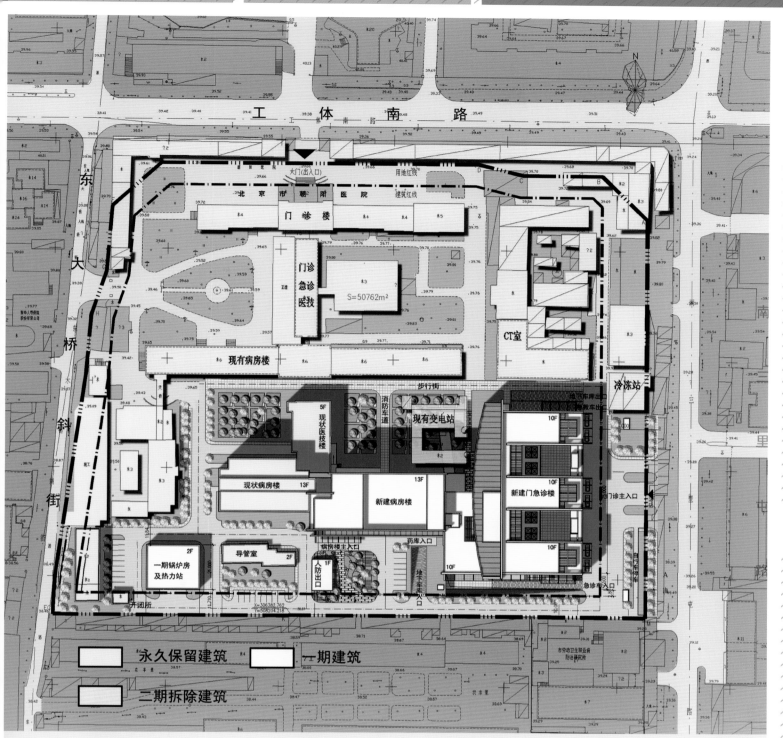

工 体 南 路

北京市朝阳医院

门诊楼

门诊急诊医技

S=50762m²

现有病房楼

东大桥斜街

步行街

CT室

冷冻站

消防车道

现有变电站

5F 现状医技楼

现状病房楼 13F

新建病房楼 13F

新建门急诊楼

门诊主入口

病房楼主入口

药库入口

急诊车入口

一期锅炉房及热力站 2F

导管室 2F

人防出口

地下车库入口

10F

□ 永久保留建筑   □ 一期建筑

□ 二期拆除建筑

033

设计特点

北京朝阳医院位于北京朝阳区白家庄路8号，规划总建筑面积约17.2万 ㎡，全院住院总病床数1300床、日门诊量8000人次。院区三面临城市道路，一面紧临居住区。改扩建工程是在不影响正常医疗服务的前提下，保留了西北部约2.6万 ㎡ 的原有建筑，并分期拆除零散的多层建筑，建设完成的。

为改善城市中心区老医院用地紧迫状况，设计将门诊楼东侧沿街主入口处架空二层，作为医院室外前广场的一部分，使之成为建筑与城市道路之间的缓冲区域，有利于门诊楼前大量人车集散。门诊楼西侧的钢结构玻璃幕共享大厅与主入口大厅贯通，形成通透明亮的医院大堂，给每层门诊主通道及休憩空间以充足的阳光和室内外景观，美化就医环境。

门诊部各科室自成盲端相对独立，并以共用联廊连通，方便患者寻找，为其提供优良医疗空间。急诊部位于地下一层，为当时国内最

大规模的急诊部。人流可通过室内楼梯、电梯及室外步行梯等多通道到达；车流可直接通至地下急诊主入口。急诊部分为极危重、次紧急及普通急诊三区域，它们之间呈环状布局，中部设采光、通风天井及急诊医技。急诊部设有大型抢救厅及生物洁净空调环境的EICU、抢救室、手术室等。

扩建病房及手术部与原有病房紧密结合，新老建筑层高不同，部分层次用坡道和台阶相连通，并利用5层高现状建筑的顶部空间，围合成天井，使交通体内有自然采光和通风，丰富了建筑的空间秩序。通过精心设计，使大体量建筑充分利用了自然采光、通风，避免建筑内部产生大量耗能空间，节省运行费用。

外立面设计新颖而独特、现代而明快，符合医院的特质。外墙选材朴素，以朝阳医院传统的"暗红色"外墙砖和规整的玻璃板块为主。本次设计为朝阳医院整体外观重新定调。

034

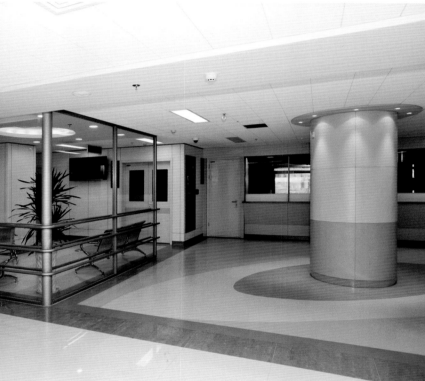

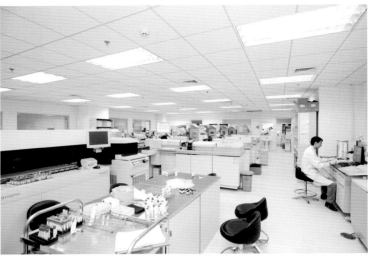

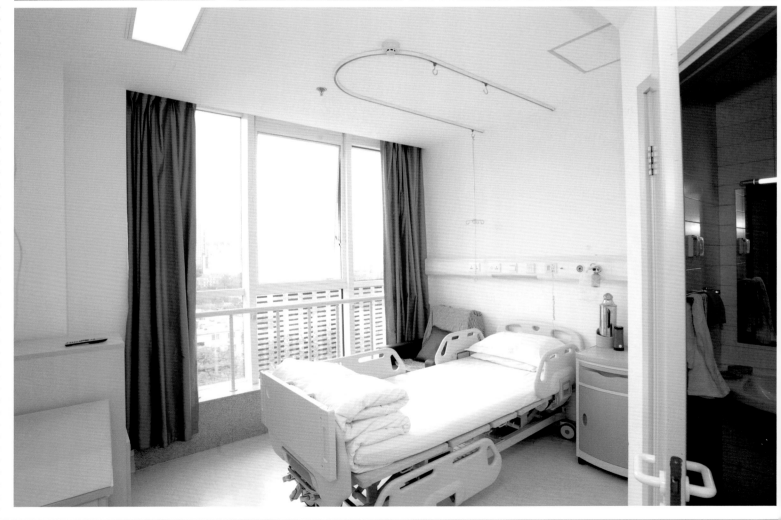

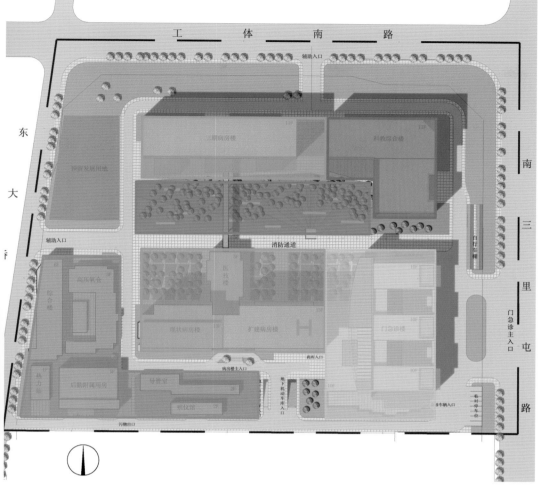

总体规划

医院现有医疗用房布置分散，建设过程中须正常使用。门急诊及病房楼为医院总体规划的一期工程。建设门急诊及病房楼时，只能拆除用地东南角的家属宿舍。这样就使原来位于院区北侧开向工体南路的门诊主入口，移位至拟拓宽的南三里屯路上。整个医院的医疗流程也因此产生了巨大的变化。

院区总体规划设计以形成和利用大片的中心绿地为核心，保留建筑及扩建工程沿核心呈围合状布置，并沿建筑外围形成汽车环道。医疗功能的分布也打破了通常的"门诊—医技—病房"格局，医技科室渗透在门诊、病房楼之间，且与门诊、病房均有方便的联系。

由于医院用地十分紧张，为改善地面环境，扩大绿化空间，规划设计将几乎所有汽车泊位设于地下，各种车流尽量控制在主入口附近，减少院区内部穿行；沿建筑周边设有消防车道供火灾时使用。

- 门急诊区
- 住院区
- 科教综合楼
- 后勤服务区
- 预留发展用地
- 中心绿地

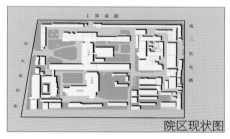
院区现状图

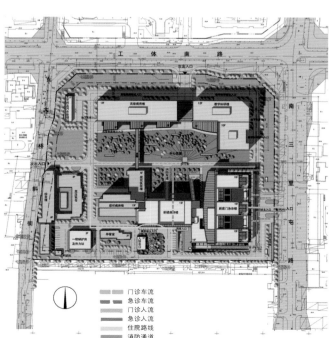

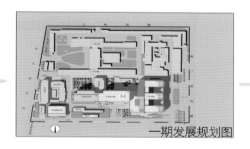
一期发展规划图

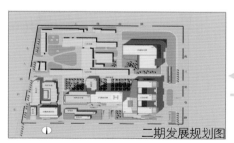
二期发展规划图

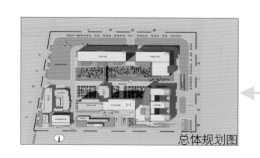
总体规划图

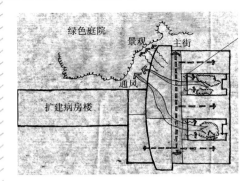

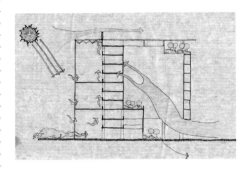

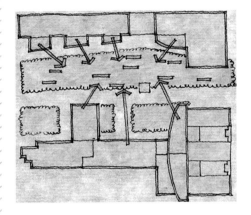

038

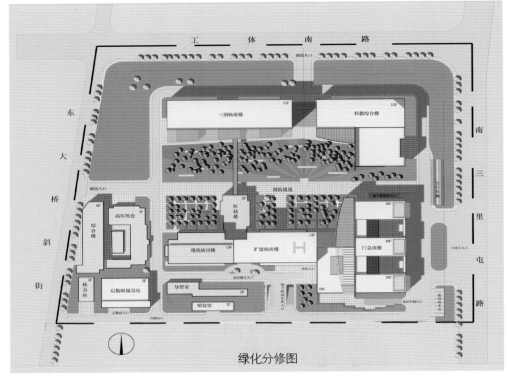

绿化分修图

绿化

总体规划上于院区中部设有集中成片绿地。并于建筑物周边，建筑物内庭院等形成点、线、面绿色空间、新建门急诊楼底层架空后退灰色空间，西北角狭长的玻璃长廊将形成生态绿色医院的特色。

以水面，草地，绿树等生态元素形成一个形态完整的医院"绿肺"，蓝带点缀在"绿毯"之上形成的软质生态环境为周围的建筑供给"阳光，空气，景观，微气候，休闲，健康"。

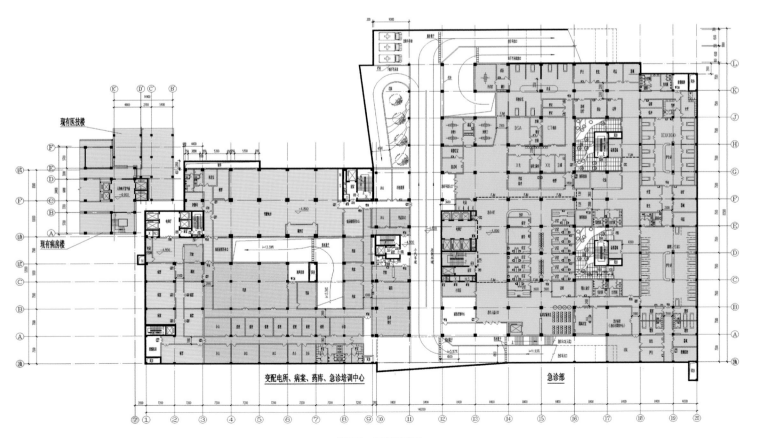

地下一层平面图

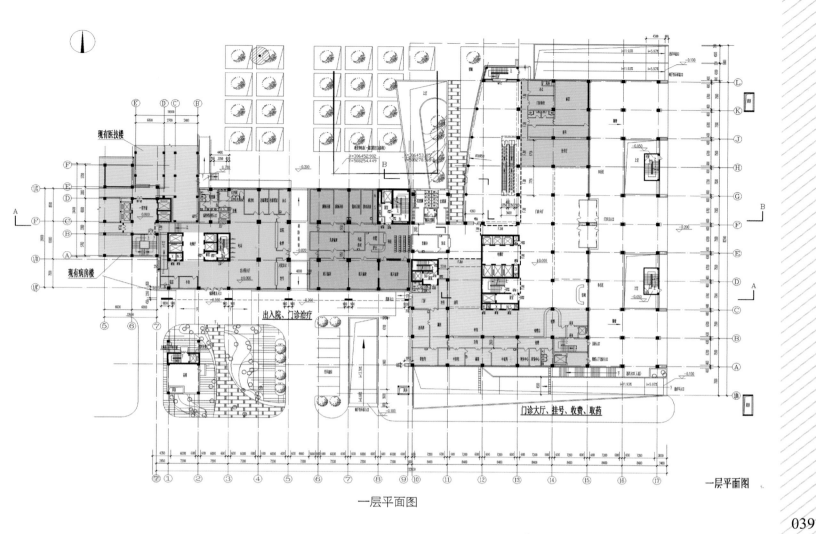

一层平面图

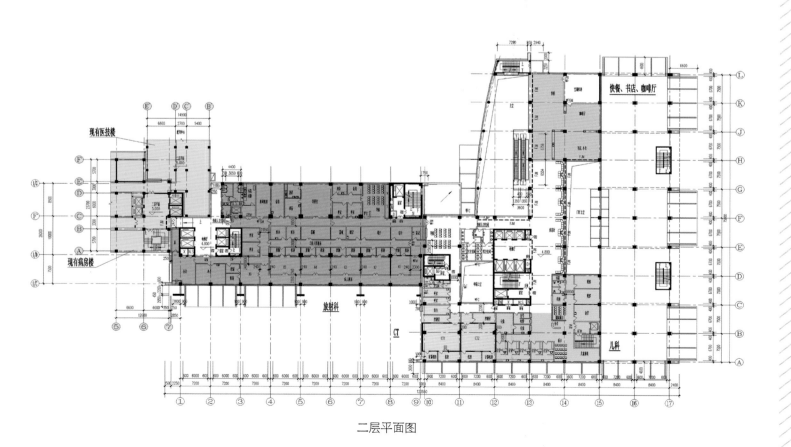

二层平面图

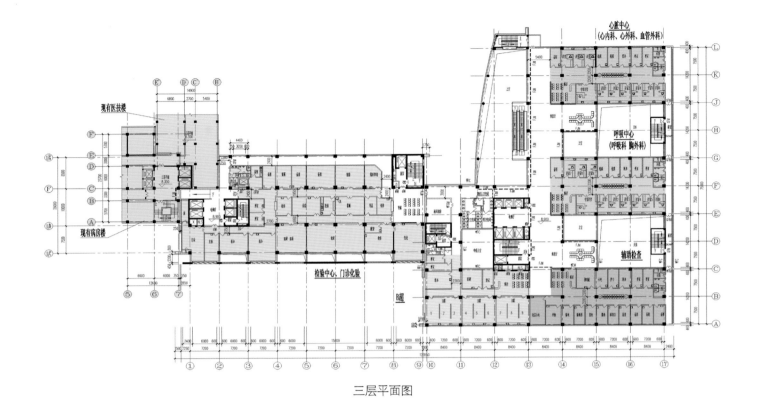

三层平面图

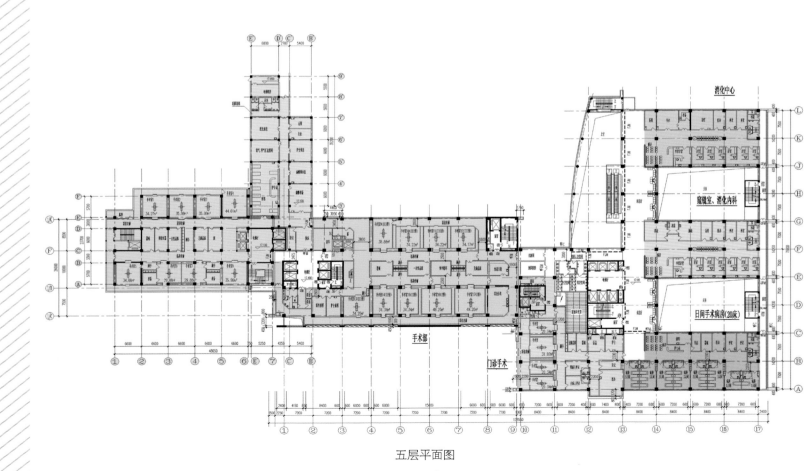

五层平面图

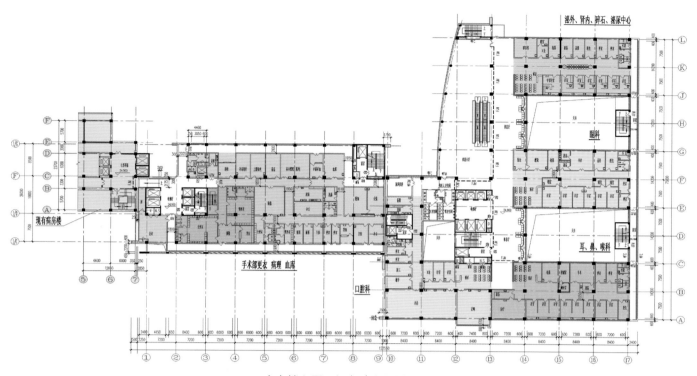

病房楼六层、门急诊七层平面图

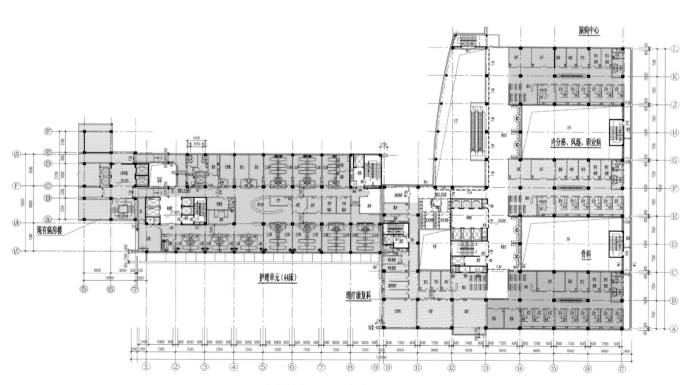

病房楼七层、门急诊八层平面图

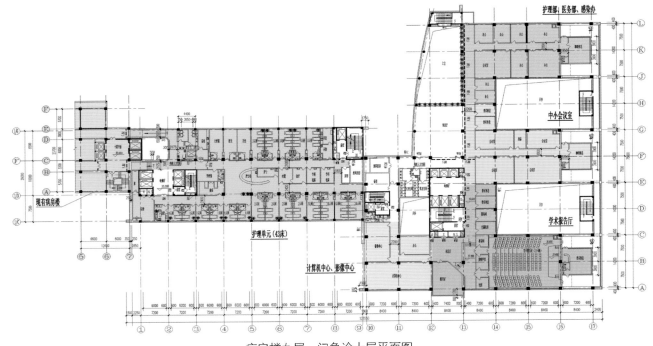

病房楼九层、门急诊十层平面图

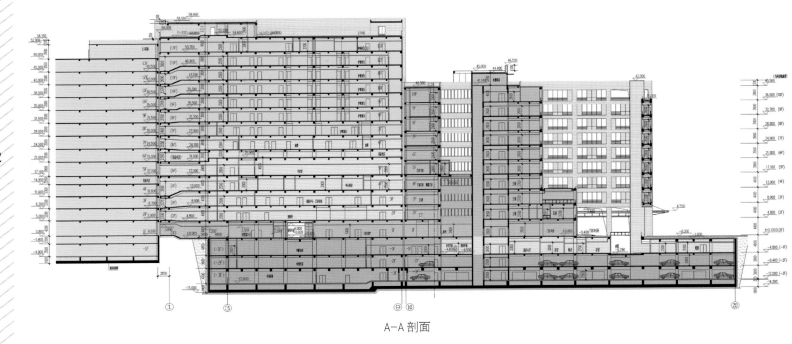

A-A 剖面

042

门急诊及病房楼周边紧邻现有变电所、CT室、冷冻站及西侧现有病房、医技楼等，实施过程中需采取可靠措施，确保这些建筑能够安全使用。同时，需考虑与西侧现有病房、医技楼相连接，并尽量减少对南侧居住区的干扰。

不仅外围关系复杂，大楼本身也是一个功能复杂的综合体。通过精心设计，使大体量建筑尽量利用自然采光、通风，避免建筑内部大量耗能空间，节省运行费用。

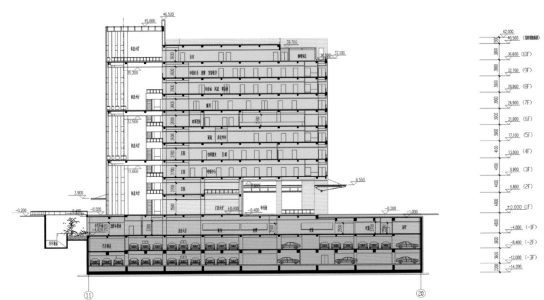

B-B 剖面

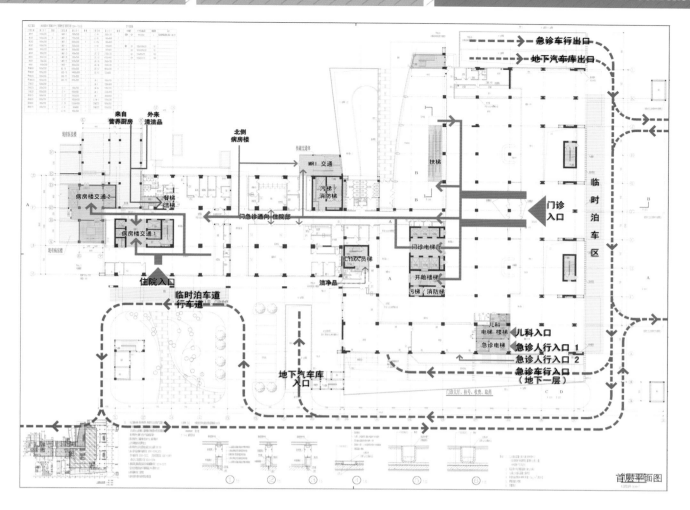

首层平面图

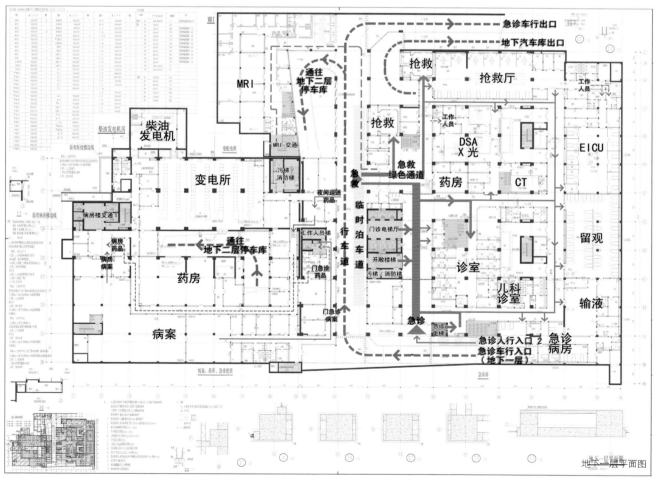

地下一层平面图

流线分析

■ 人行流线　　■ 车行流线　　■ 货物流线　　■ 独立交通

潍坊市中医院综合楼

工程档案

建筑设计：天津大学建筑设计研究院
项目地址：江苏潍坊市
建筑面积：40160m²
用地面积：5100m²
建筑高度：73.1m
容 积 率：7.5
绿 化 率：52.3%

项目概况

　　潍坊市中医院一期工程综合楼座落于潍坊市潍州路西侧现有的中医院院内，建筑物两面临城市道路，一面临小学，一面临医院内院，其宽度均大于5m，兼作环形消防车道。地上十五层，地下一层，总建筑面积4万平方米，600张床位，主体一层为住院大厅，七层为手术层；八层为ICU，其余各层为外科病房。

　　本项目有三项技术创新：1.我国首例住院楼内廊15m宽内庭园设计；2."人性化"在医疗建筑设计领域的探索；3.主楼基础经过论证比较未按当地同类高层建筑通用做法采用桩基，而采用平板式筏板基础，优化的基础形式大大节约了造价。

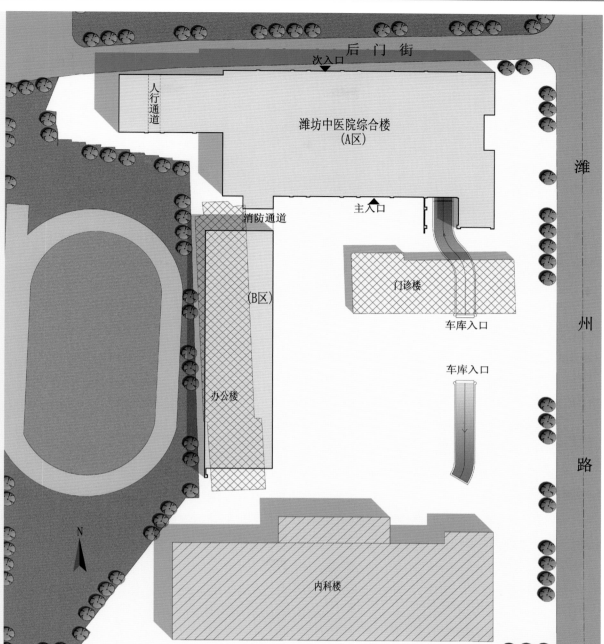

住院部的人性化设计

重视和加强交往环境已经是现代医院设计中一项重要内容，积极交往是康复必要条件。

本方案试图通过医务人员、患者、家属几个层面对医疗空间进行解读，我们在住院部设计中单设家属接待探视区，配备电话、餐饮等设施，同时变廊为厅，在人工环境中引进了自然因素，利用小片草地、叠石、细竹、庭凳等设计元素，纵使面积不大就能创造一个宁静、开敞的自然空间，病人可以漫步于人造庭院，和家属也可在此交流信息，以消除病人长期住院所产生的孤寂感。绿化空间既可作为主要的水平联系通道，又可作为查房时的临时示教场所，有利于人流集散，消除众多医护实习人员在走廊上的拥塞现象。在设计中我们也把室内的绿化渗透到室外，从室外可以直观看到建筑内部绿色的环境，使中医院真正成为患者的"绿色家园"。

医护工作区的"人性化"环境的设计

空间设计的人性化不能忽略医护人员的工作环境，我们将医务人员工作区做为一个模块从患者生活区中独立出来。工作区自成体系，有自己的垂直通道，医务人员由工作人员专用电梯直接进入工作区，与患者区域截然分开互不干扰。护士站在中央，与病房及工作区最近，形式开敞，位置有利于监护病人，充分激发医护人员良好的工作状态。

在细微处体现人性化设计

在病房设计上，主要采用了三人间，这样可以方便患者之间的交流，同时为解决患者的隐私问题，特别在病床周围设计了围帘措施加以解决，而病房门设计没有采用通用的形式，而是设计成可开启式观察窗，即满足了医务人员的工作需要又保护了患者的隐私，创造出相对独立的内部环境。

立面造型设计

现代医疗建筑，由于受平面功能的制约，体形通常较规整，医院在建筑立面造型上应以端庄稳重为前提。本工程通过竖向线条增加建筑挺拔感，首层以柱廊为主，并自然形成灰空间，作为整个广场的底景层次丰富，这些充分体现了现代医疗建筑立面设计的一个基本的设计原则，即从主体出发，以功能为本，塑造新形象的理念。主体室内外高差仅150mm，整个广场到建筑内以坡道连接，无台阶设计，使残障患者可直达室内，从另一侧面体现了"人性"的关怀。

046

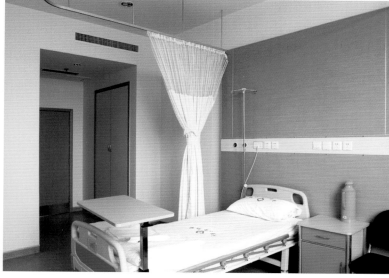
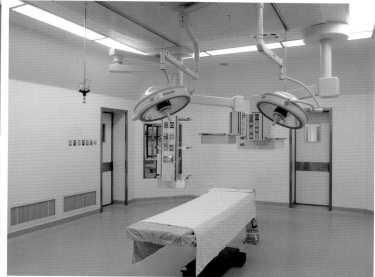

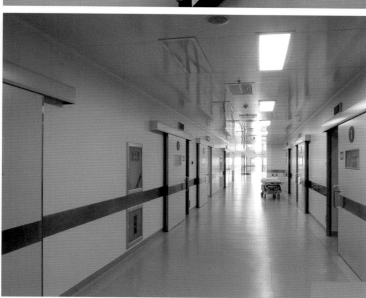

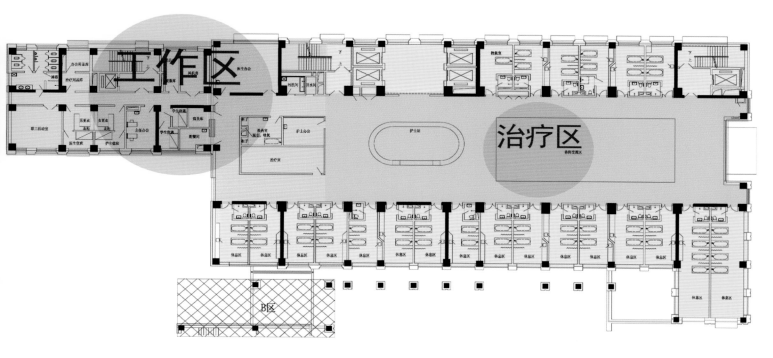

功能分区

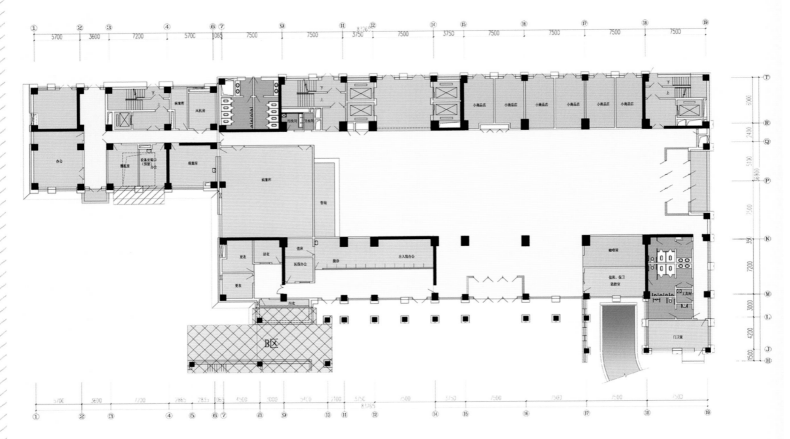

首层平面

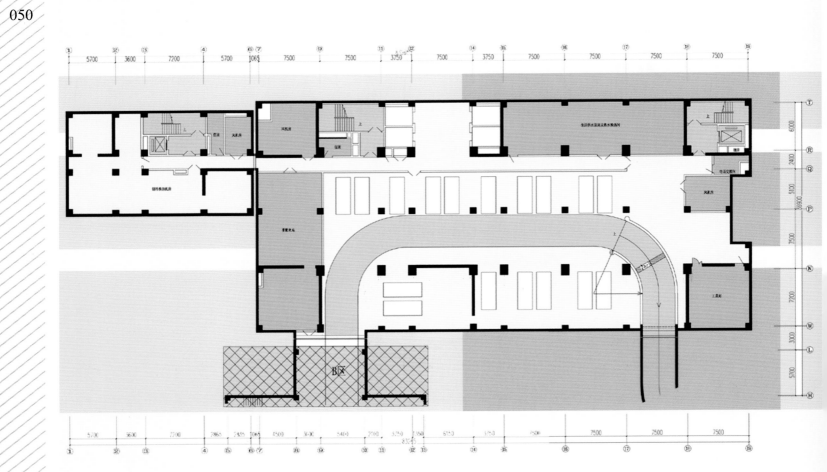

地下室平面

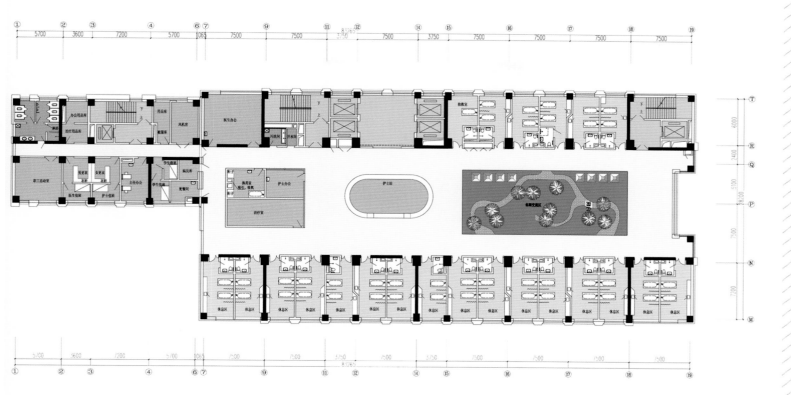

标准层平面

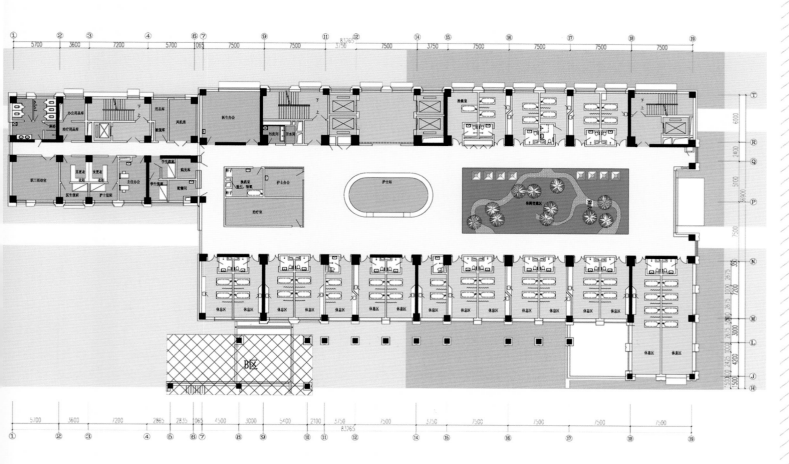

三层平面

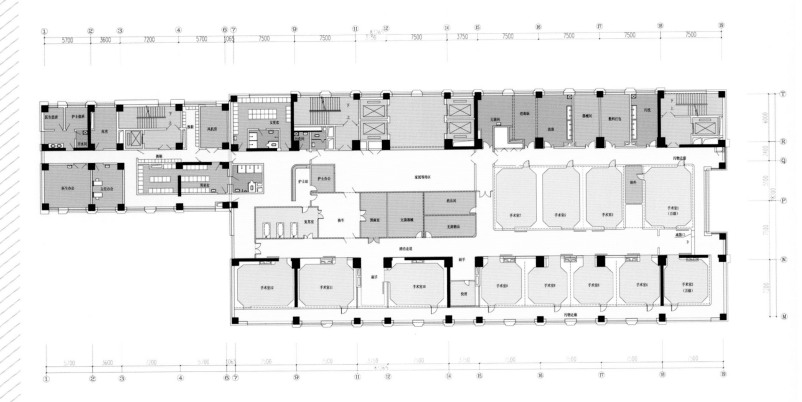

手术层平面

ICU 平面

妇产科平面

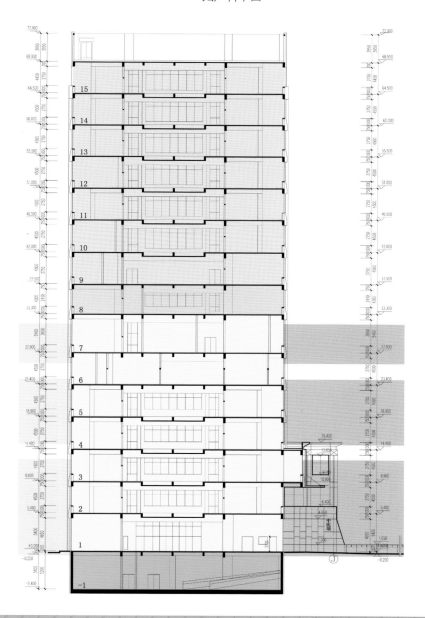

剖面图

安徽医科大学第二附属医院

工程档案

建筑设计：深圳市建筑设计研究总院有限公司
项目地址：安徽省合肥市
建筑面积：144518m²
用地面积：116535m²
建筑高度：85.95m
容 积 率：1.24
层　　数：19层

项目概况

　　本项目所在的医疗区是合肥安徽医科大学第二临床学院校园规划扩展的一部分。通过医疗区规划设计竞赛的机遇，进一步整合原有肌理，改善原有校园空间景观环境的不足，为整个校园带来一个高潮的结尾。在医疗区的规划中引入了两条景观绿化带：水平绿化带区分教学区与医疗区；竖向绿化带强调学校的主轴线，设计成林荫花园。这条景观绿化带一侧布置医疗综合楼，另一侧布置传染楼和辅助用房。主广场为门诊、行政办公及探视参观人流服务，次广场为急诊、急救人流服务。

　　医疗综合楼分为门诊部、医技部、住院部、行政办公四大部分，每部分功能单元都有属于自己的共享空间。16m 宽的"医院街"联系起教学楼与医疗综合楼。鲜花店、礼品店、书店、超市及美容等公共服务设施布置在"街"两侧。"医院街"接待病人和访客，走进这里可以到达任何想去的地方。其西侧三个性格迥异的方形共享空间成为医疗综合楼的最大特色：一个四层高的共享中庭，一个种植绿化的屋顶花园，一个宜人的园林景观内院。主入口东侧的行政办公楼与住院部之间有一个开敞的景观水池广场，与门诊中庭形成连续的视觉景观。住院部一层设有咖啡厅，这里将成为病人、访客、医生的交流中心。人们在沿着"医院街"穿越建筑时会经历一系列层次丰富的空间变化。这些人性化的公共空间设计强化了医院的社区化功能，好像一个微缩城市。

　　通过医院街及三个方形院落组成的公共空间体系把其他各功能体块有机的联系成为一个整体。把医技分成两个部分，一部分与门诊密切的常科医技部门，如临床检查、功能检查，设置在公共空间体系的西侧。另一部分为高科技医技部门，如影像中心、手术部共同布置在公共空间体系的东侧。住院部由于要考虑两期分布设成两个相对独立的护理单元楼。把与手术部联系不密切的病区移至二期住院大楼。血液净化中心及放射性同位素治疗区在一层北侧分别有独立出入口。由产休部、分娩部、新生儿部组成的产科设置在二层，与三层的手术室、重症监护 ICU 形成垂直便捷联系。康复运动中心、病理检验与信息中心安排在住院部四层。在西侧裙房设置带有独立屋顶花园的 VIP 病区。

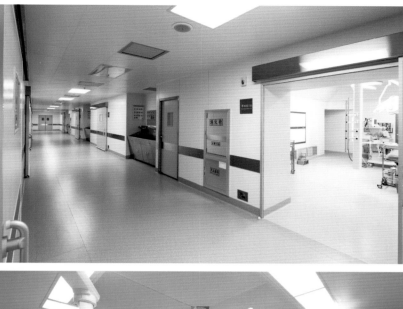

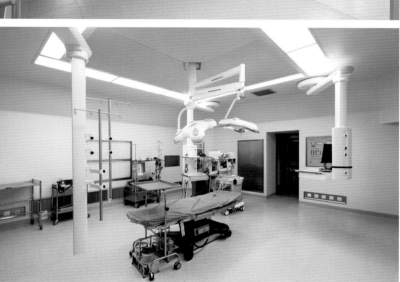

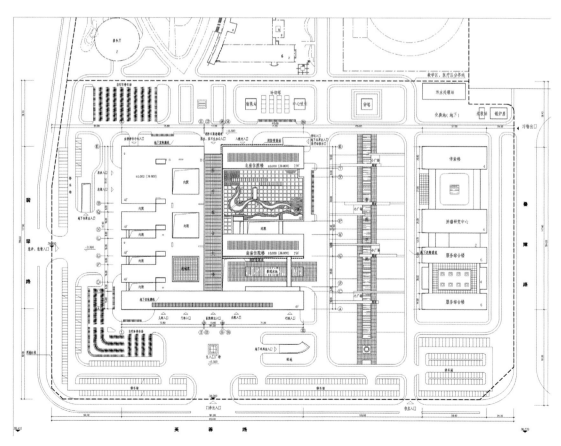

总平面图

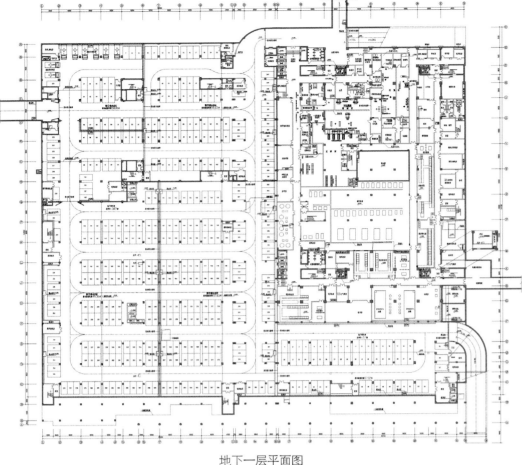

地下一层平面图

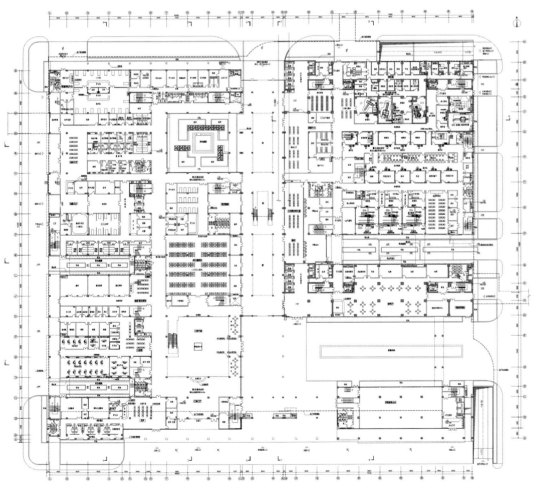

一层平面图

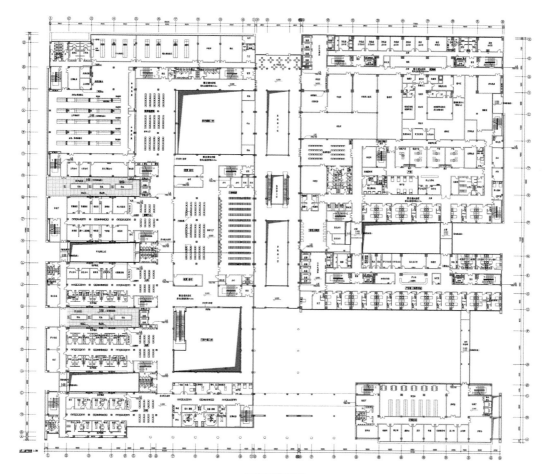

二层平面图

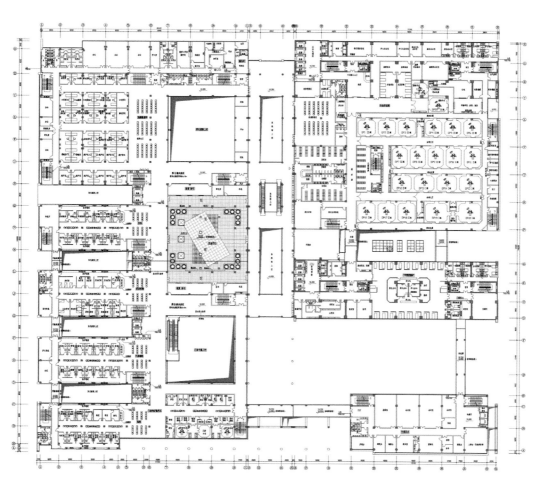

三层平面图

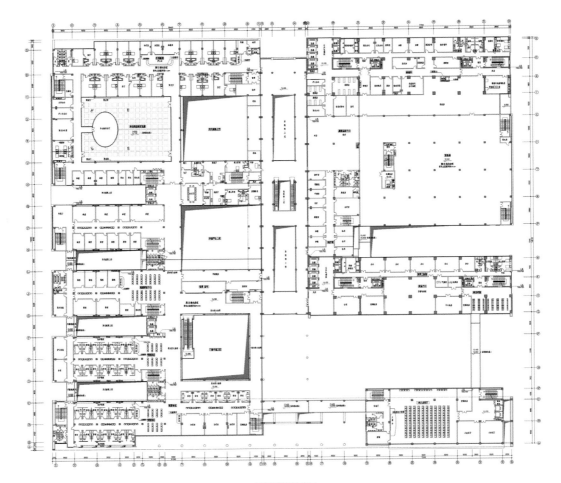

四层平面图

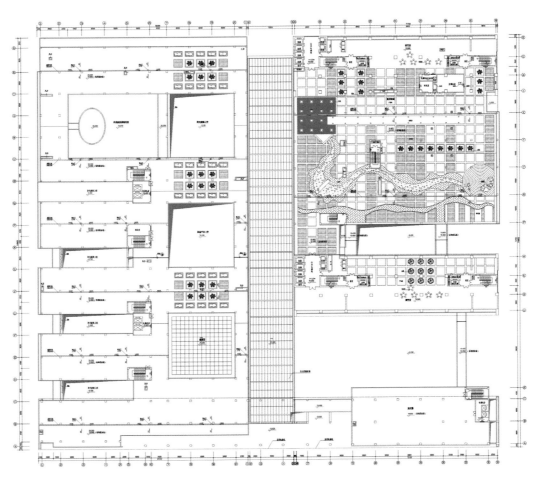

五层平面图

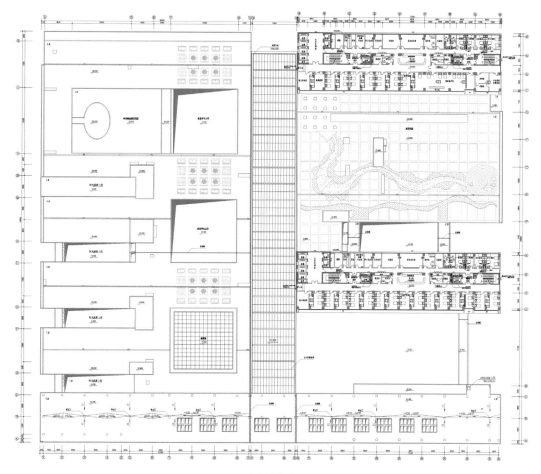

六层平面图

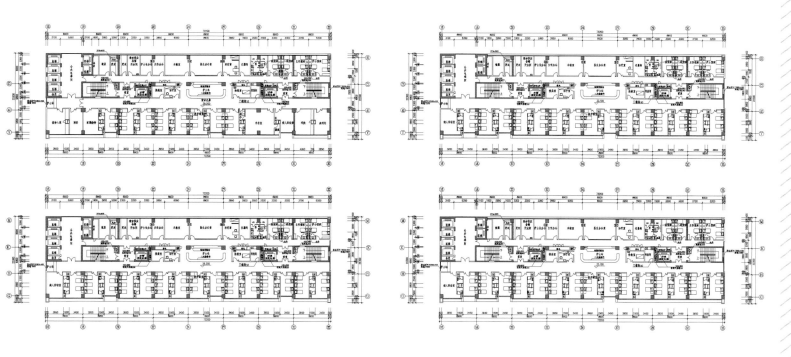

七层平面图   八层平面图

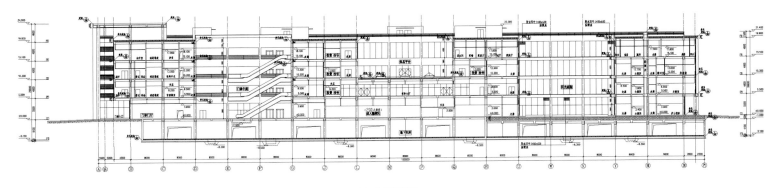

5-5 剖面图

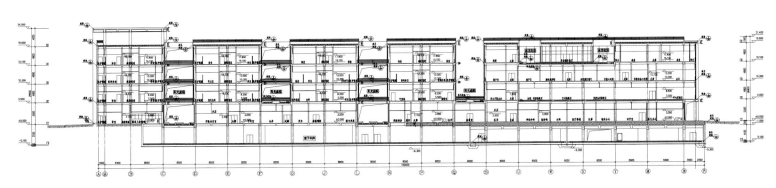

4-4 剖面图

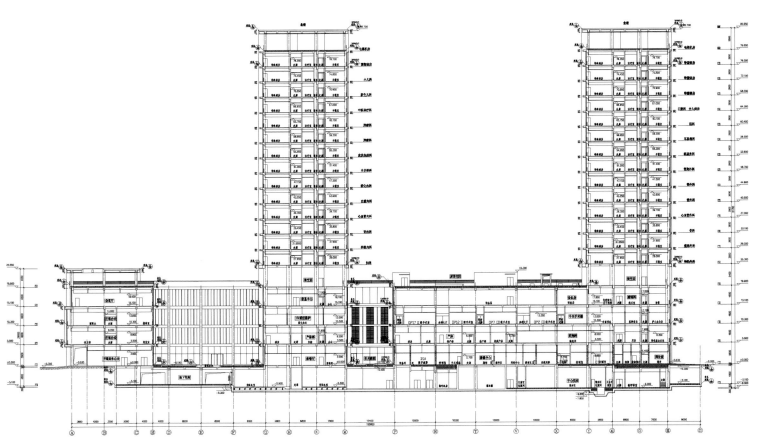

8-8 剖面图

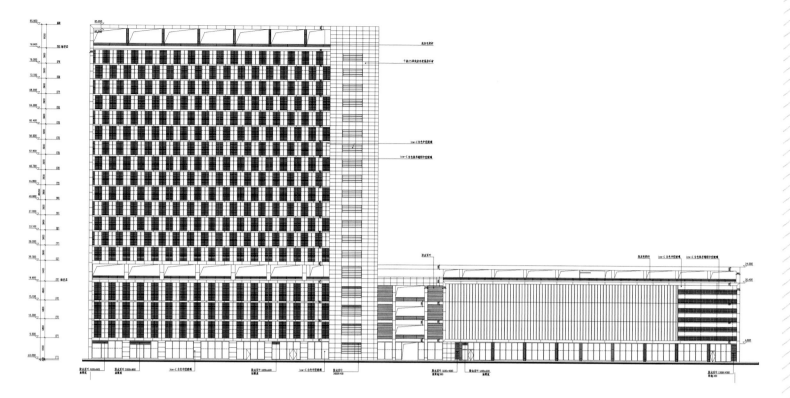

33~1 轴立面图

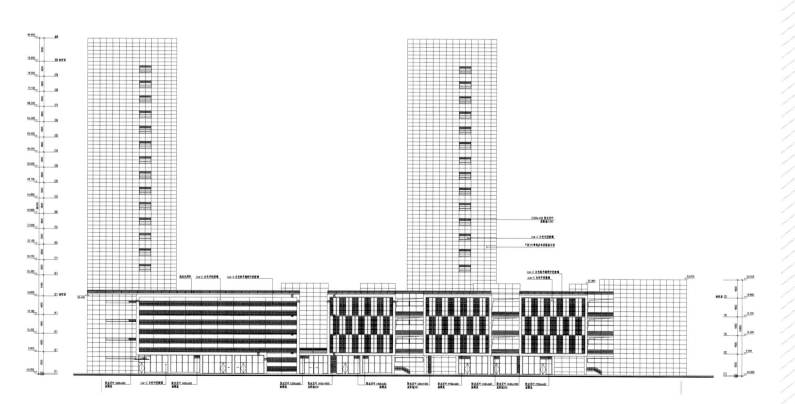

D1~A轴立面图

上海中医药大学国际交流中心

工程档案

建筑设计：上海现代建筑设计（集团）有限公司
项目地址：上海市
占地面积：4406m²
建筑面积：36000m²

项目概况

　组成生命最基本的四大元素是 C，H，O，N，它们通过不同的组合和排列形成了构成核酸的五种碱基 A，G，C，T，U，最终形成了核酸——生命遗传信息的载体，DNA 和 RNA。而我们设计的构思正是脱颖于此，中间两幢建筑是资源和环境科学学院大楼，其西端头部由一个连廊连接，类似于一个抽象的环状化合物，位于其西侧的城市化过程生态恢复实验室大楼仿似从环上向外伸出的基团，坐落于整个基地南北两侧的化学系和生命科学学院大楼则宛如从环上伸出的两条长长的手臂，伸展向未知的远方，预示着生命的生生不息和生命科学的无尽奥秘。

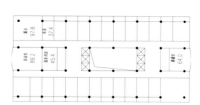

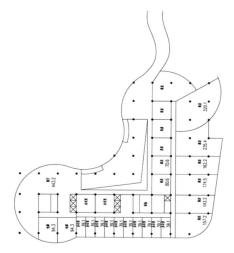

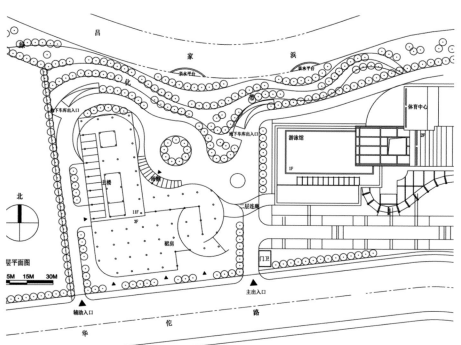

上海交通大学医学院附属仁济医院

工程档案

建筑设计：上海现代建筑设计（集团）有限公司
项目地址：上海市闵行区浦江镇
建筑面积：82590㎡
建筑高度：50m

项目概况

新建上海交通大学医学院附属仁济医院（闵行），是上海市政府完善郊区三级医院建设而实行的"5+3+1"模式中1个重要项目。

设计中将原本较长的、大开面、大尺度的南立面根据功能关系分隔成小尺度、简洁的航空港式单元组合的空间形式，给病人提供了更有亲和力的空间感觉，病人对各个科室，从外观空间上就有更直观的感受，增强了空间的可识别性和认同感，体现了"以人为本"的设计理念。

公共空间纽带连接各个功能区域，将门诊区、急诊区、医技、手术、病房等区域有机联系在一起，形成非常明确便捷的空间关系。在各功能区域之间形成不同的庭院空间，尤其在门诊区，各科室单元体块之间形成的开敞庭院比普通内庭院更有利于采光通风。

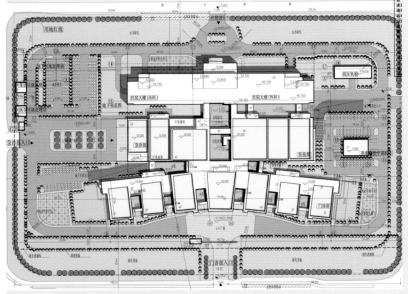

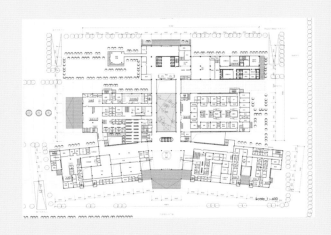

青岛西海岸医疗中心

当代中国建筑方案集成 3 医疗体育

工程档案

建筑设计：山东省建筑设计研究院
项目地址：青岛市黄岛开发区
建筑面积：196000m²

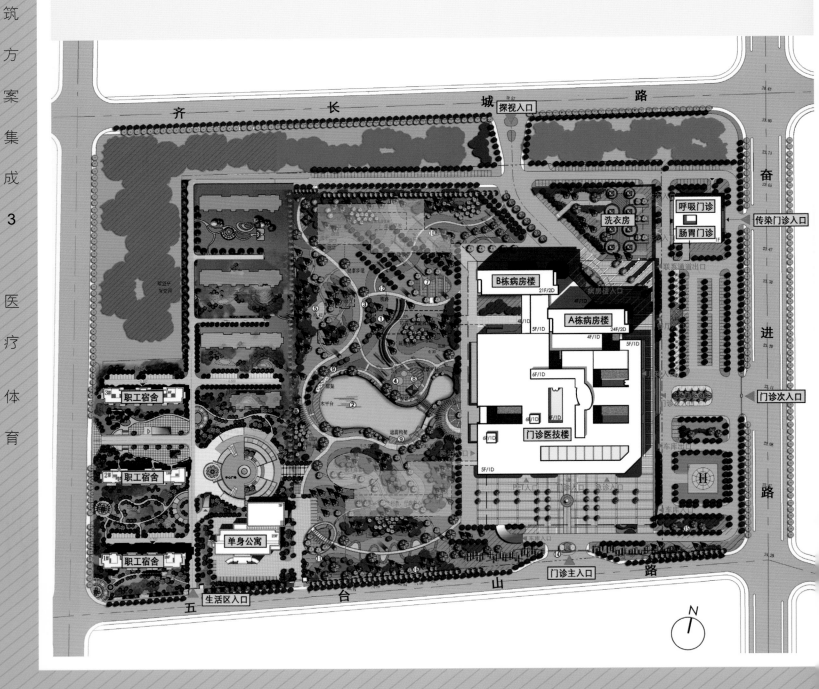

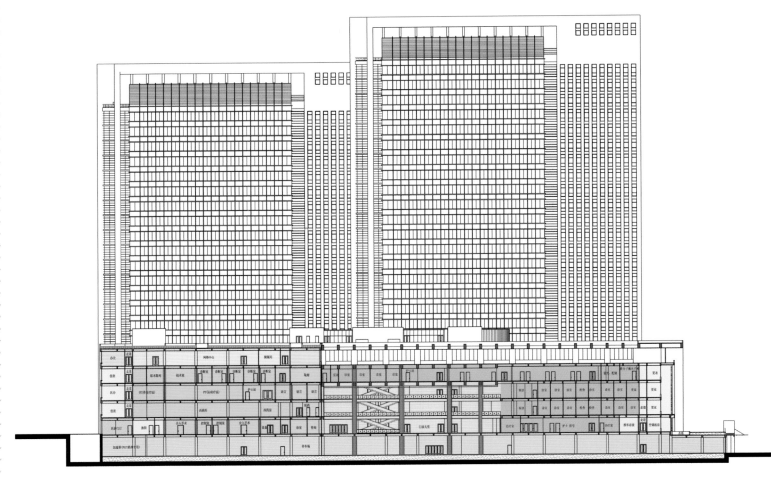

剖面图

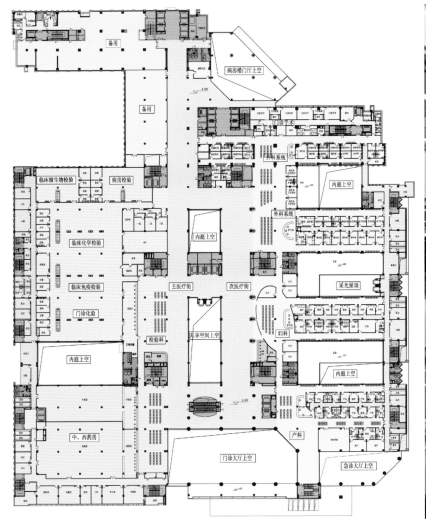

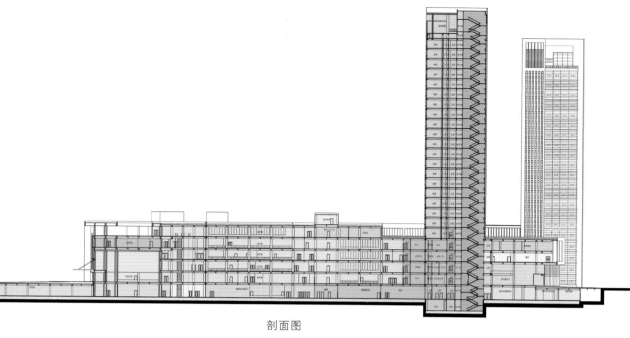

剖面图

济南军区总医院门诊楼及内科病房楼

工程档案

建筑设计：山东同圆设计集团有限公司
项目地址：山东省济南市师范路
建筑面积：92000㎡

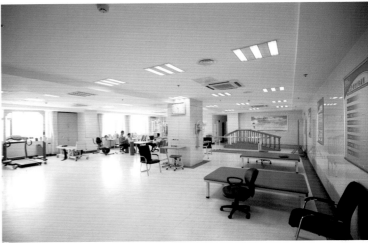

074

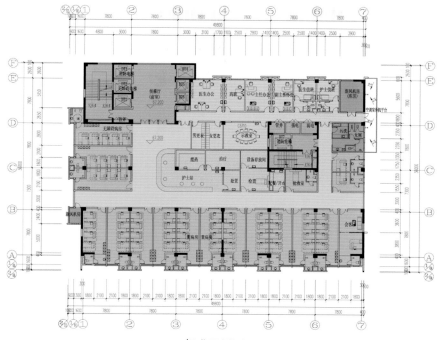

标准层平面图

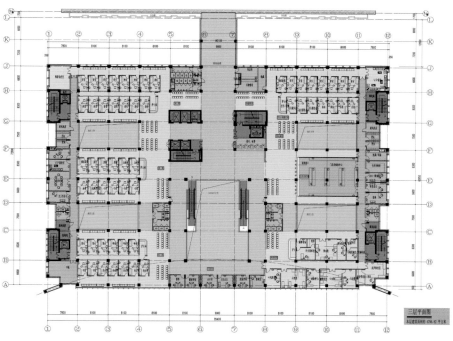

三层平面图

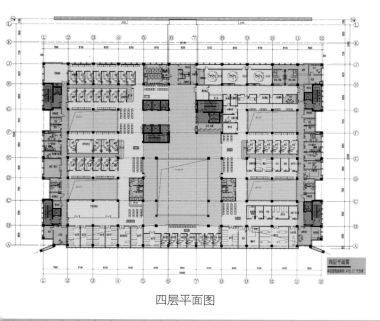

四层平面图

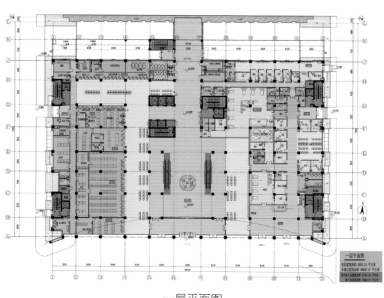

一层平面图

上海第一人民医院改扩建工程

工程档案

建筑设计：同济大学建筑设计研究院
项目地址：上海市虹口区
建筑面积：43200m²
建筑高度：56.9m

项目概况

　　整个工程拟将原虹口高级中学旧房拆除，新建一幢具有医疗保健、门急诊、体检中心、功能检查、病房、手术、中心供应室、血库等功能的医疗保健综合楼，以及普通急诊功能的综合医疗建筑。通过广场道路、绿化、出入口改造及院区综合管网，水、电等市政配套设施的扩容改造，建造成与武进路南侧（武进路85号）架空连廊，以满足改扩建后医院整体医疗、交通等实用功能需要。

　　改扩建工程总建筑面积43200m²，其中地上24960m²，地下18240m²，地上13层，地下3层，建筑高度56.9m。本工程共设置医疗保健病房床位300张，手术室25间。

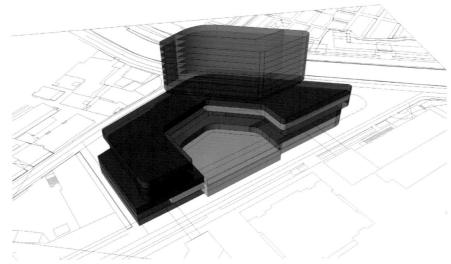

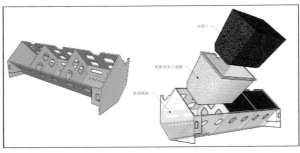

立面绿化预制构件

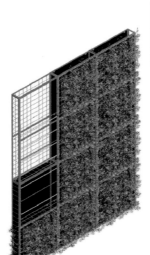

立面绿化预制构件 　　　　立面绿化安装后效果

绿化墙面

　　垂直生态绿化墙面。植物墙由多个种植箱构成，标准种植箱尺寸为1000mm×1000mm，1000mm×2000mm，还有少量异形种植箱。在结构梁上先预埋埋件，然后用螺栓和角铁把种植箱固定在埋件上，土壤和植物放置在金属框架内。这种构造做到了模块化、标准化，仅需螺栓固定，安装拆卸速度快，维护简便。

　　植物墙采用自动控制微灌系统，供水管布置种植箱之间，可以根据不同湿度，通过智能化控制水量，最大限度地节约用水。

中央下沉广场

　　中央广场下沉式布置，更有利于隔离城市喧闹的气氛，为干保住院大楼提供一个安静地休息氛围。

城市景观渗透

　　地块东北部是虹口港城市水系，一方面，可以为干保住院大楼提供开阔的视觉景观；另一方面，由于地块面积有限，除中央下沉广场外，医院很难再提供环境优美的活动场地，而虹口港滨水步道正式弥补了医院的这一不足。

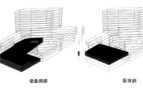

地下车库　　　设备用房　　　医技部　　　急诊部　　　干部门诊　　　中心供应　　　手术部　　　体检中心　　　住院部

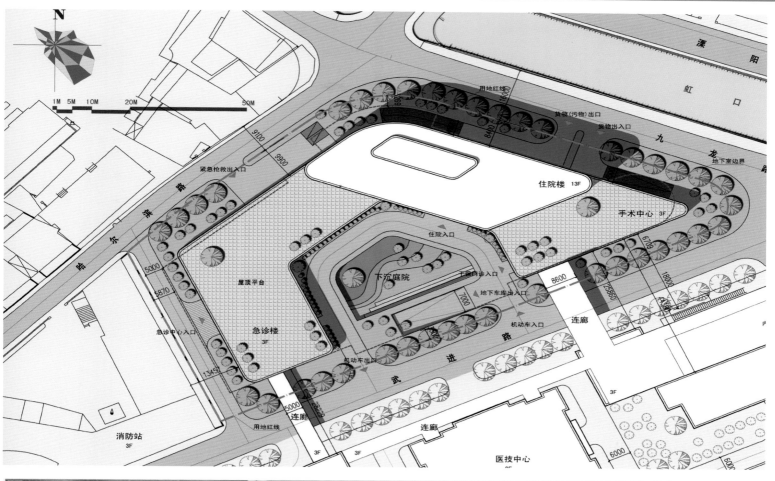

降雨

存储

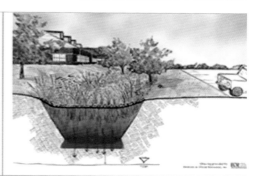

下渗

场地绿化于水下渗过滤方案

一般来说，由于建筑的开发建设，使得原本开发场地内裸露的地表被建筑与混凝土道路所覆盖。势必会增加场地内的地表雨水径流总量与径流率。这样直接导致项目需要建设更加安全的雨水排水系统以防止暴雨期间对场地以及场地周边造成内涝的威胁，同时也增加了市政雨水管道的排洪压力。因此，绿色建筑需要考虑采用自然生态的办法处理场地内的暴雨径流。

地源热泵设置方案

地源热泵技术是一种利用地球表面浅层的地热资源进行供热、制冷的高效、节能、环保的系统。地热能在冬季作为热泵供热的热源；在夏季则作为制冷的热汇。即在冬季，把地热能中的热量"取"出来，提高温度后，向室内供给热量；在夏季，把室内的热量"取"出来，"排放"到地下。上海属于"夏热冬冷"地区，土壤温度基本稳定在 16~20℃之间，地温适宜采用土壤源热泵。上海地区属于太湖流域的冲积平原，土壤潮湿，地下水位高，含水量充足，土壤源热泵系统换热效果好，是土壤源系统较合适的土壤类型。

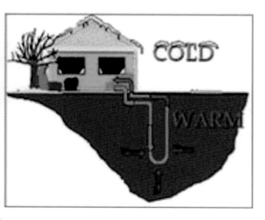

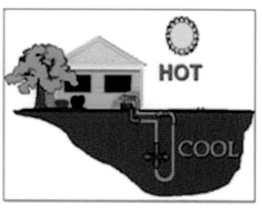

秦皇岛经济技术开发区医院

工程档案

建筑设计：清华大学建筑设计研究院
合作设计：大地建筑事务所
项目地址：河北省秦皇岛市
建筑面积：92000m²

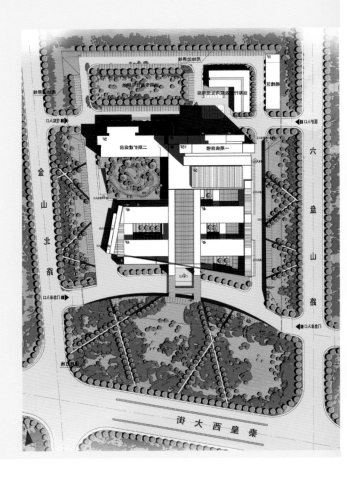

地下二层平面图

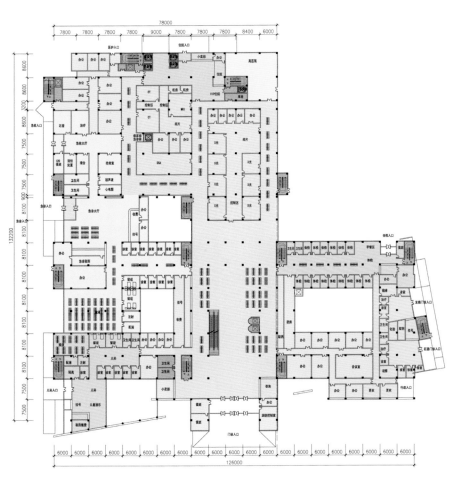

首层平面图

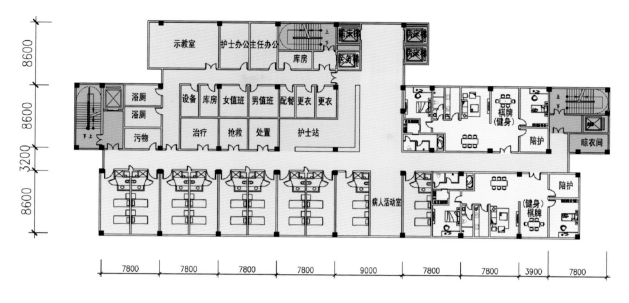

顶层平面图

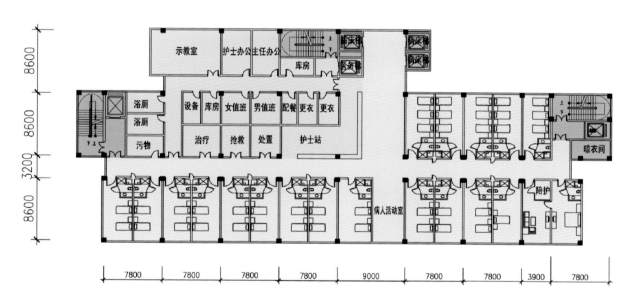

标准层平面图

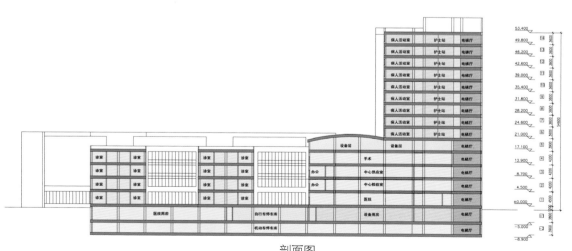

剖面图

广州里水人民医院新院总体规划设计

工程档案

建筑设计：山东省建筑设计研究院
项目地址：广东省广州市
项目规模：164697m²

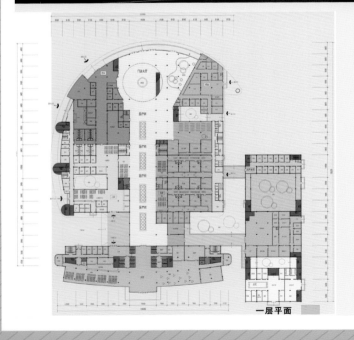

一层平面

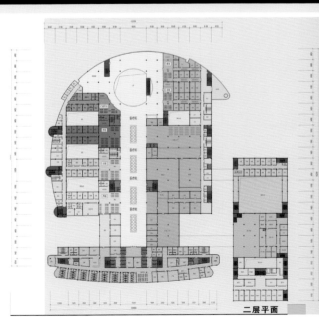

二层平面

住院楼透视图

经济技术指标

总平面图

北

西海岸医疗中心

当代中国建筑方案集成 3 医疗体育

工程档案

建筑设计：山东省建筑设计研究院
项目地址：青岛市黄岛开发区
建筑面积：196000㎡

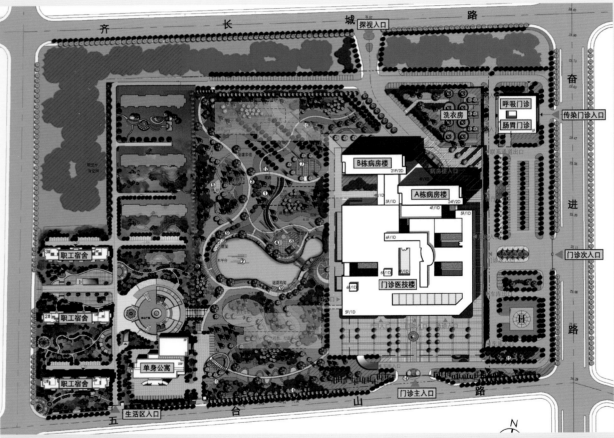

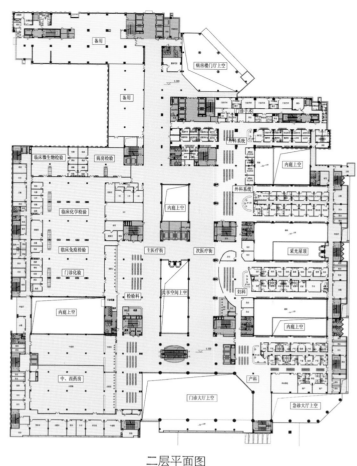

二层平面图

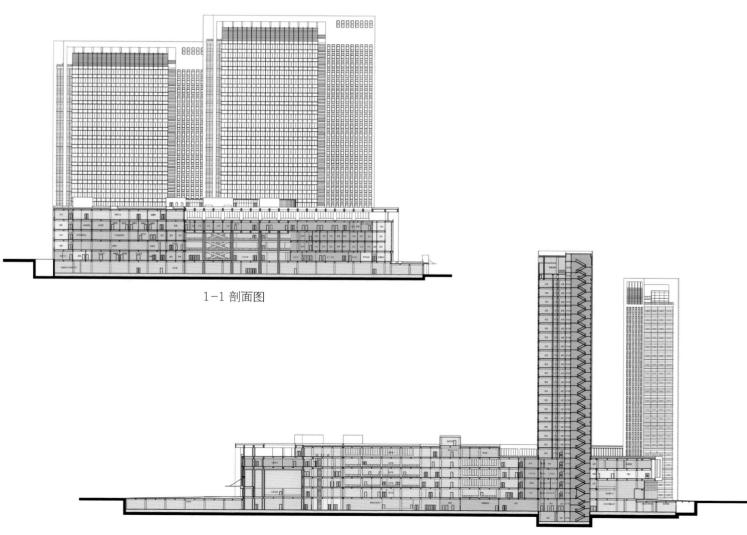

1-1 剖面图

2-2 剖面图

当代中国建筑方案集成 3 医疗体育

徐州市中心医院新城区分院

工程档案

建筑设计：清华大学建筑设计研究院
项目地址：江苏徐州
建筑面积：208200m²

项目概况

新城区分院位于徐州市新城区新行政中心地带，占地147亩，交通便利，环境适宜。新建医院规划床位为2000张，总建筑面积20.82万平方米，一期14.13万平方米，二期6.69万平方米。一次规划、分二两期建设。

一期建筑地下2层，地上15层，由医疗综合楼和教学宿舍制剂楼组成；医疗综合楼主要集中在用地南侧，通过东西向的医院街，串联起急诊、门诊、手术、医技、病房和行政管理、保障系统等复杂的功能空间；制剂楼和教学宿舍安置在用地东北角；污水处理站在用地西南角地下；锅炉房和桶槽区在用地西侧。

二期建筑为1500床的住院楼和办公楼组成。病房楼靠用地北侧，与一期病房楼造型一致以取得和谐统一，位置错落，形成院落空间。一二期住院楼以南北向的连廊相连。办公楼在用地西北角，五层高，在办公楼建造前，在综合楼3、4层东北侧为办公区域，二期办公楼建成后原来的办公空间作为医技空间。建筑布局充分利用地段特有的形式，以强烈的、完整的几何形态占据空间，沿街的几个立面形象完整，具有一定的雕塑感。建筑采用虚实结合的现代建筑设计手法。灰色面砖墙面笔直的线条与玻璃幕墙自由的曲线，灰砖面砖的粗矿、朴实的肌理与玻璃幕墙光滑、精致的效果，都构成鲜明的对比，形成理性与浪漫的交响乐。立面设计在体现逻辑清晰，形象完整的同时，亦通过虚实、粗精、曲直间的对比打破了模数制的单调，获得一种独特的、微妙的效果，创造出简洁明快、轻盈流畅、雅而不俗、宁静而又亲切的医院建筑新形象。

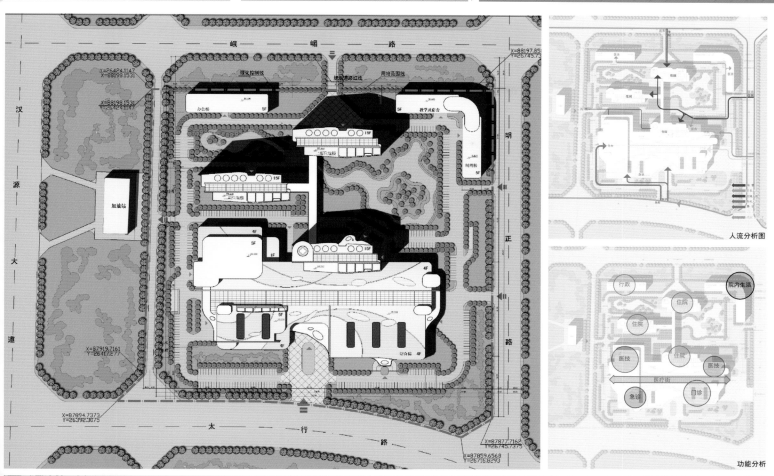

人流分析图

功能分析

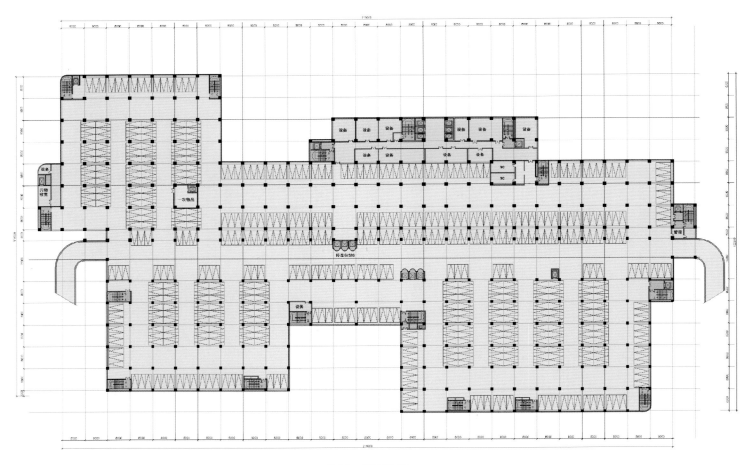

地下二层平面图

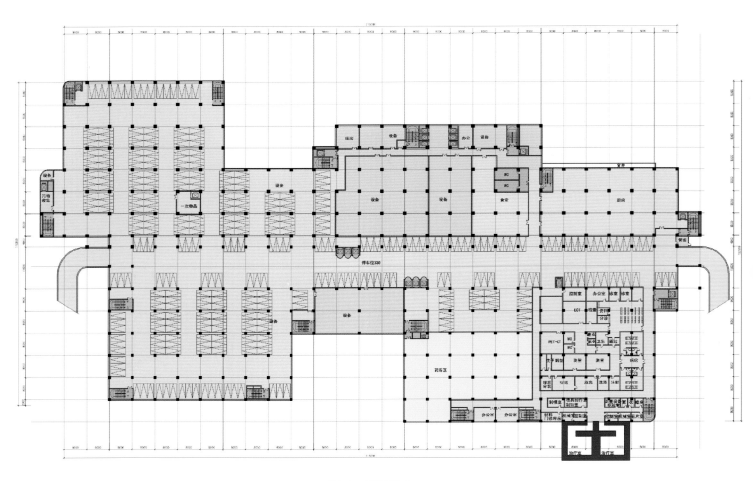

地下一层平面图

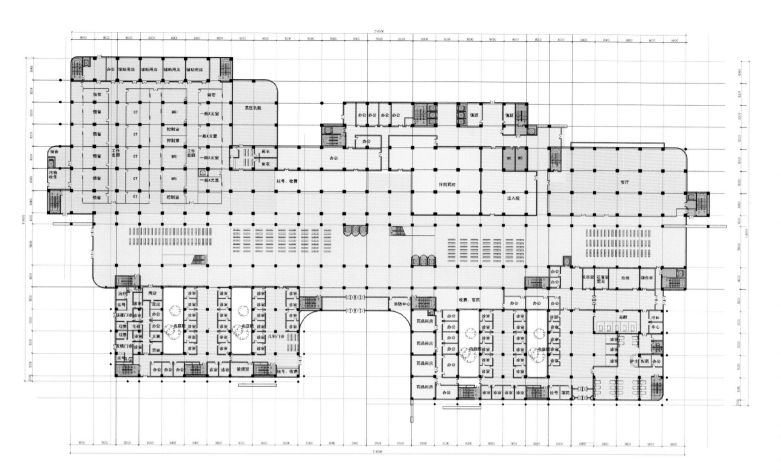

首层平面图

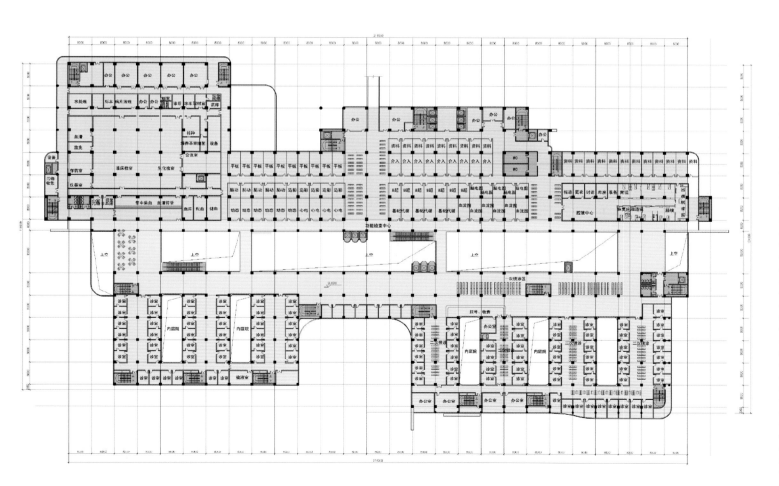

二层平面图

中国疾病预防控制中心一期

工程档案

建筑设计：中国建筑科学研究院
项目地址：北京
建筑面积：17515.62m²

项目概况

　　中国疾病预防控制中心一期建设用地位于北京市昌平区百善镇，用地面积约54.7公顷。其中一期工程7.4万平方米，包括综合业务楼、传染病所、病毒病所、性病艾滋病中心、动物实验楼、专家公寓等，包括14个三级生物安全实验室及60多个二级实验室，是唯一的国家级疾病预防控制机构。

当代中国建筑方案集成 3 医疗体育

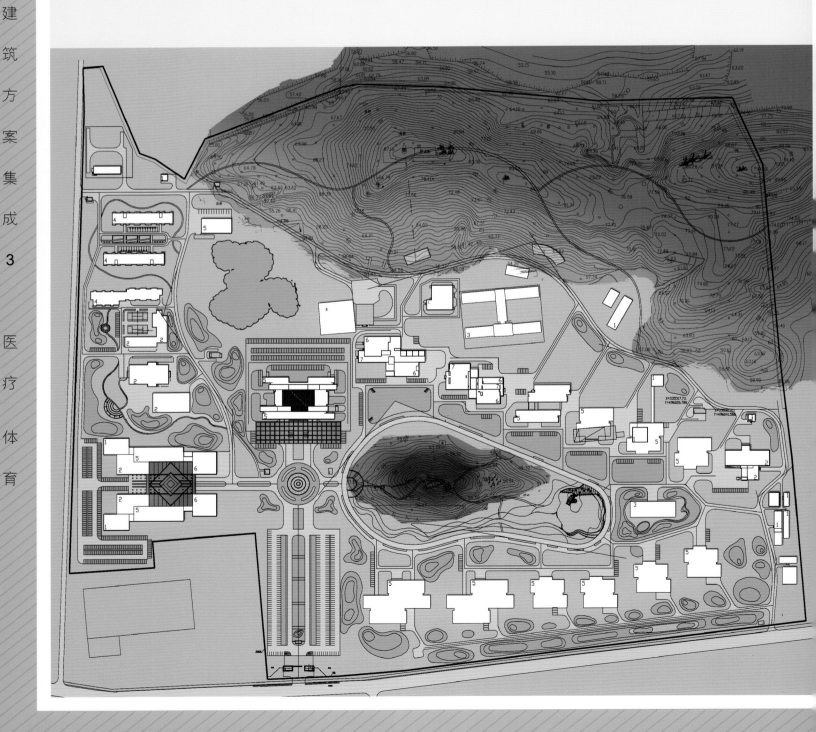

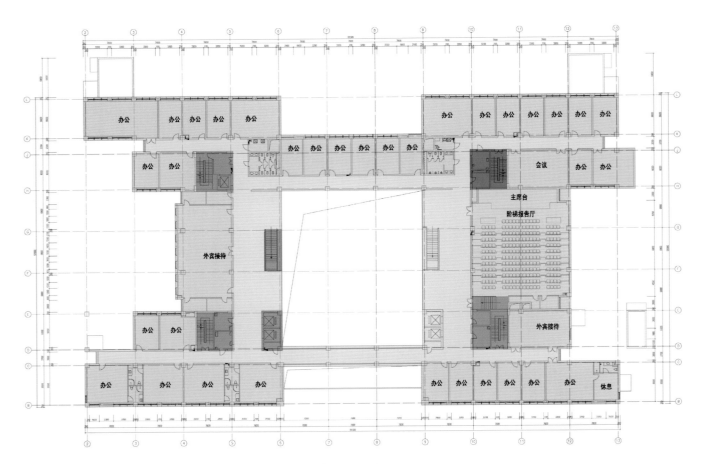

综合楼二层平面图

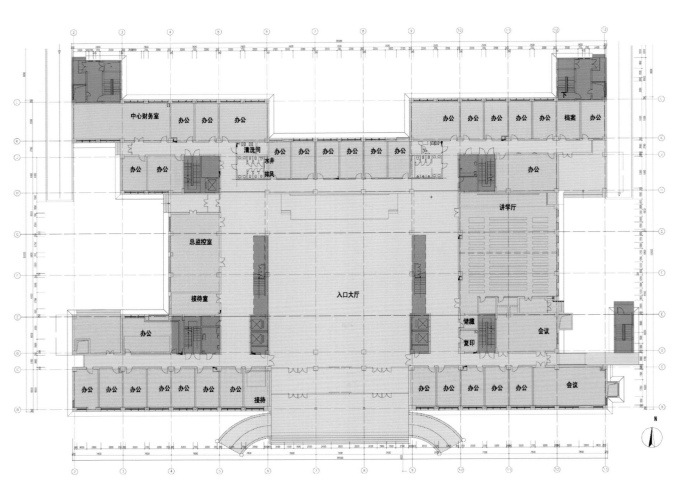

综合楼首层平面图

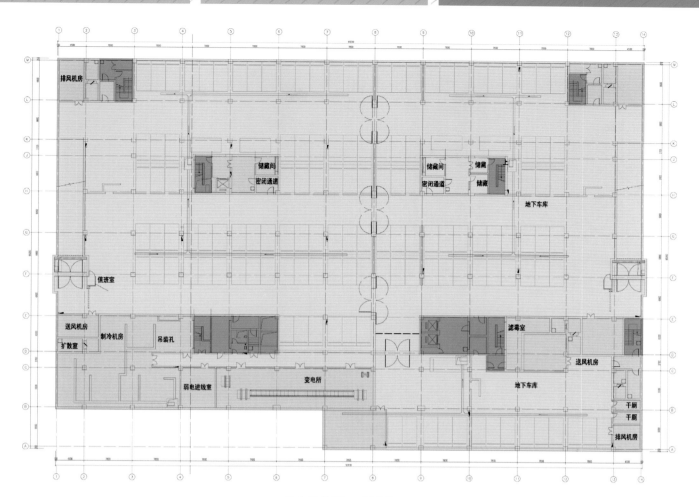

综合楼地下一层平面图

病毒病所科研楼地下一层平面图

清华大学新建医院一期工程

工程档案

建筑设计：清华大学建筑设计研究院
项目地址：北京市昌平区
建筑规模：147000m²

项目概况

　　本工程位于北京市昌平区天通苑社区内，东为立水桥北路，西为安立路；总用地面积为 10.14hm²，为三甲级急性综合医院。基地基本为方形，分两期建设，一期总建筑面积为 14.7 万平方米，床位数 1000 床，二期 7.8 万平方米；一期建筑地下 2 层，一期地上 13 层；高度 65m。

　　一期建筑用地位于基地的西侧和北侧，呈 L 型布局。基地中央偏北布置主体建筑（集中型病房楼及门诊医技楼），东北侧布置动力中心楼（含发电、变电、锅炉、空调、监控等机房），污水处理站，垃圾回收区及桶槽区，主体建筑东侧配置行政楼，南侧配置两栋综合楼（含倒班宿舍、训练中心及体检中心等）。

　　二期建筑用地位于基地东南角。用于建设医院二期专科中心楼。

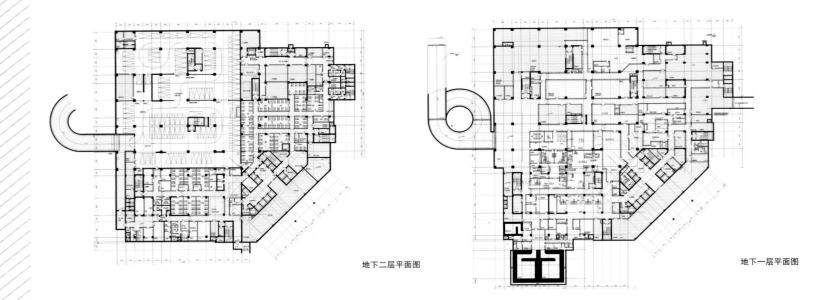

地下二层平面图

地下一层平面图

首层平面图

二层平面图

三层平面图

四层平面图

五层平面图

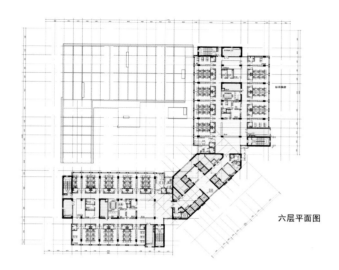

六层平面图

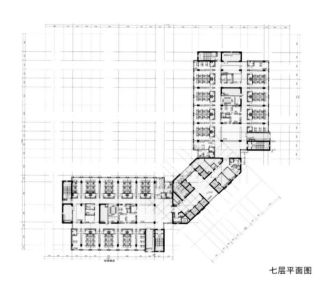

七层平面图

八层平面图

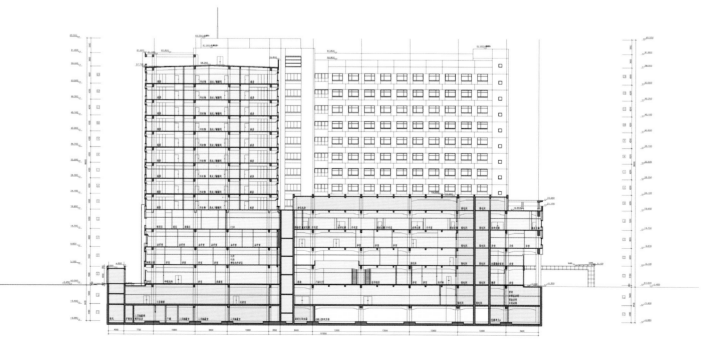

剖面图

天津市第二儿童医院

工程档案

建筑设计：北京中元工程设计顾问有限公司
项目地址：天津
建筑面积：15hm²

项目概况

　　天津市第二儿童医院坐落于北辰区晨昌路西侧，规划设计门诊量 5000 人次，急诊 2000 人次，总床位 1200 张，总建筑面积 15 万平方米。

　　天津市第二儿童医院是集医疗、科研、康复、预防为一体的现代化大型儿童疾病治疗中心。新建的第二儿童医院将具备完备的功能、先进的设备、优美的环境，促进天津市儿童疾病整体治疗服务水平的提高。以和谐、发展、可持续的设计思想为指导，合理安排功能分区和建筑布局，并注重医院户外空间组织和设计，发挥促进治疗和康复的作用。

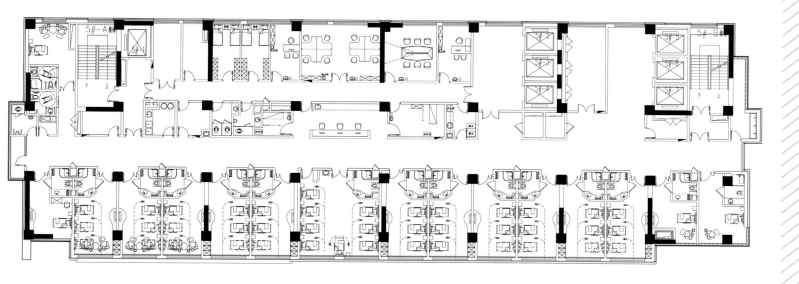

病房标准层平面图

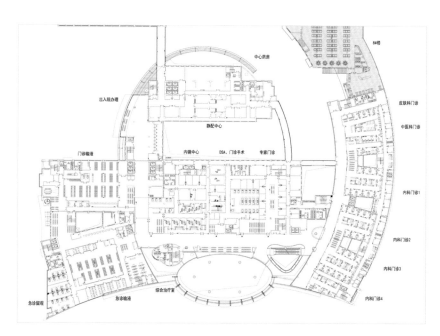

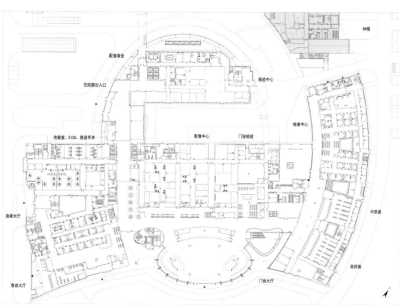

病房楼、传染楼透视图

科研楼透视图

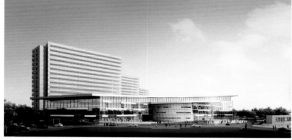

主入口透视图

门诊入口透视图

徐州市中心医院

工程档案

建筑设计：清华大学建筑设计研究院
项目地址：江苏徐州
建筑规模：59100m²

项目概况

　　徐州市中心医院是当地规模最大的综合性"三级甲等医院"，经主管部门批准而新建的内科医技大楼兼有医技科室和内科病房，地上14层，地下2层。　总建筑面积为5.91万平方米，建筑高度57.0m。本项目是建在已经成型的建筑环境之中，设计遵循整合环境、总体协调的原则。首先是功能的整合，把新建功能通过合理的交通流线组合，和旧有功能形成有机联系；另一方面是建筑形象、空间环境的整合，新建筑要和旧有的建筑空间环境形成良好的互动关系，激发环境活力，从而创造出从一个总体协调的医疗建筑组群。

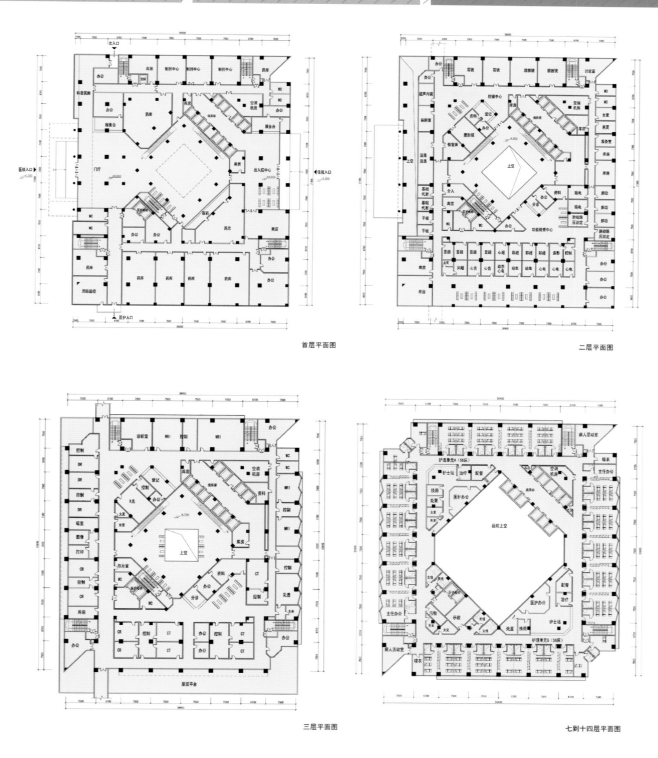

首层平面图

二层平面图

三层平面图

七到十四层平面图

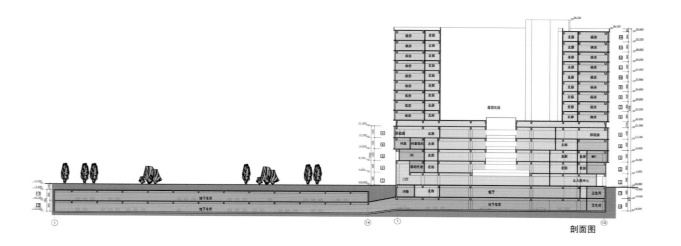

剖面图

103

新建大连市传染病医院工程

工程档案

建筑设计：总后勤部建筑工程规划设计研究院
项目地址：辽宁省大连市
总建筑面积：56734.30m²（700床）

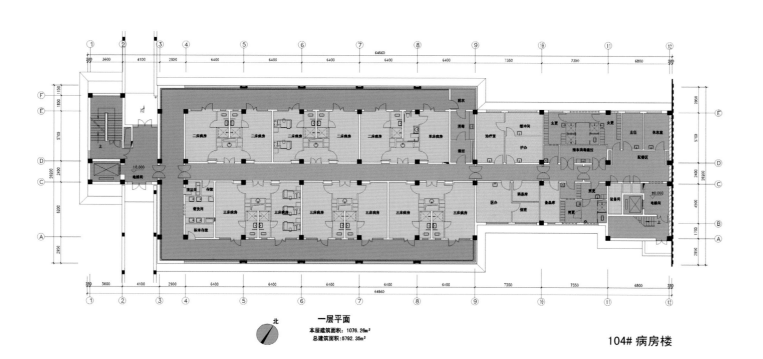

一层平面

本层建筑面积：1076.26m²
总建筑面积：5792.35m²

北

104# 病房楼

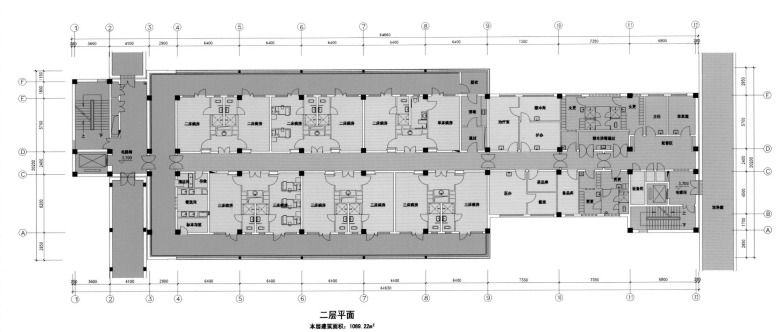

二层平面

本层建筑面积：1089.22m²

104# 病房楼

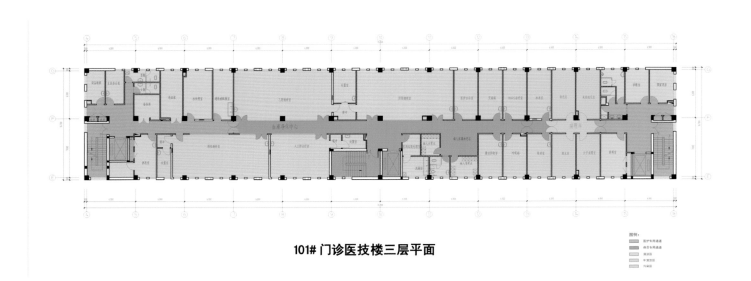

101# 门诊医技楼三层平面

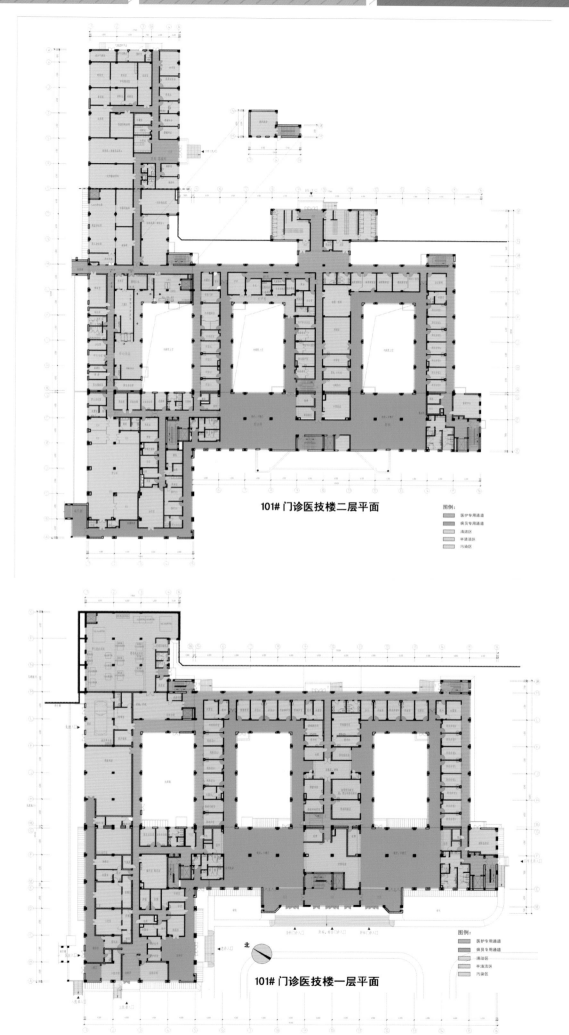

101# 门诊医技楼二层平面

101# 门诊医技楼一层平面

通州区妇幼保健院和公共卫生大厦

当
代
中
国
建
筑
方
案
集
成

3

医
疗
体
育

工程档案

建筑设计：清华大学建筑设计研究院
项目地址：北京市通州区
建筑规模：138300m²

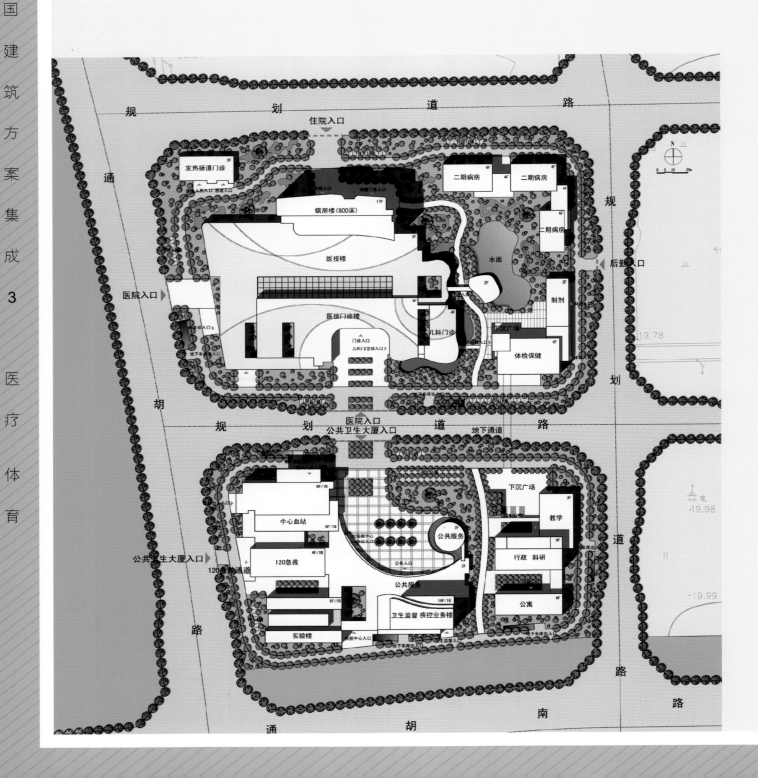

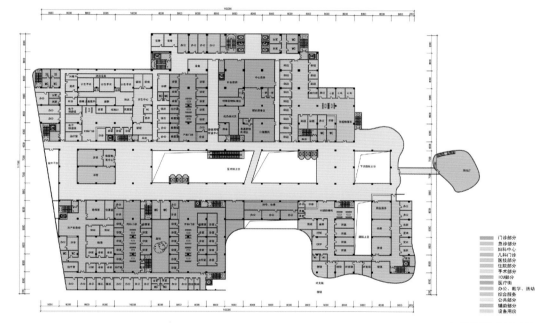

妇幼保健院医疗楼首层平面图

妇幼保健院医疗楼二层平面图

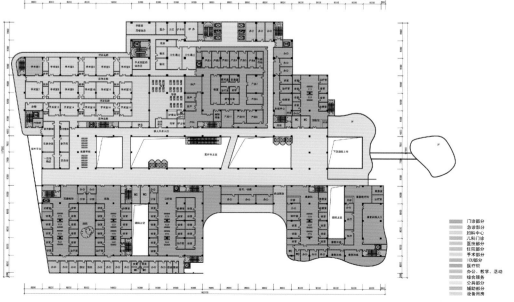

妇幼保健院医疗楼三层平面图

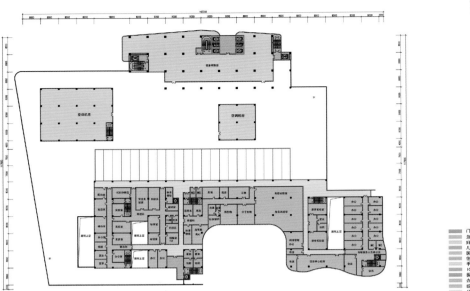

妇幼保健院医疗楼四层平面图

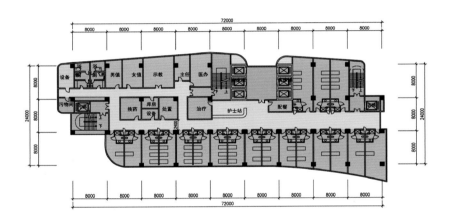

妇幼保健院医疗楼标准层平面图

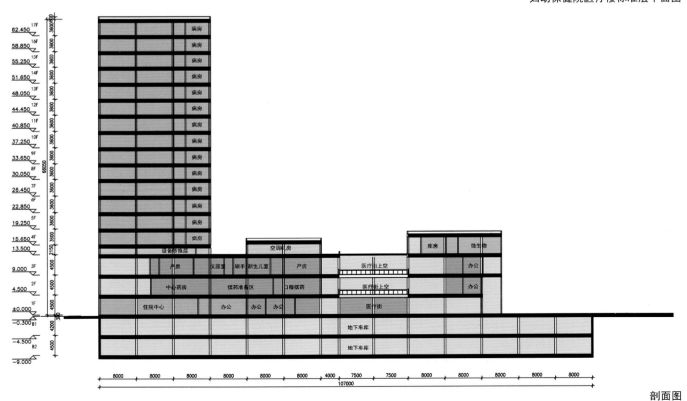

剖面图

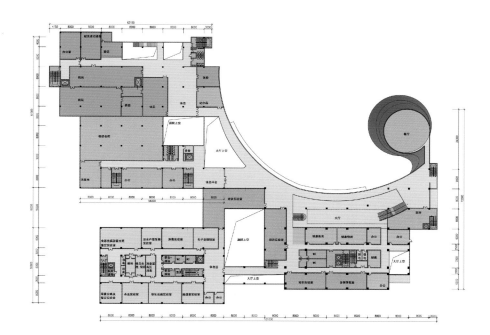

中心血站
120紧急救援中心
疾控中心实验部分
疾控中心办公部分
卫生监督
后勤服务
公共部分
辅助部分
设备用房

公共卫生大厦首层平面图

中心血站
120紧急救援中心
疾控中心实验部分
疾控中心办公部分
卫生监督
后勤服务
公共部分
辅助部分
设备用房

公共卫生大厦二层平面图

中心血站
120紧急救援中心
疾控中心实验部分
疾控中心办公部分
卫生监督
后勤服务
公共部分
辅助部分
设备用房

公共卫生大厦剖面图

北京安贞医院门急诊楼

当代中国建筑方案集成 3 医疗体育

工程档案

建筑设计：中国中轻国际工程有限公司
项目地址：北京市
用地面积：58000m²

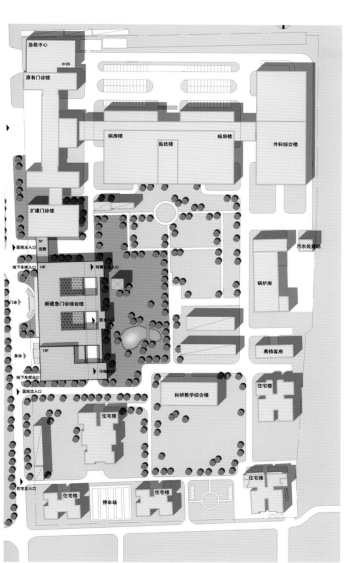

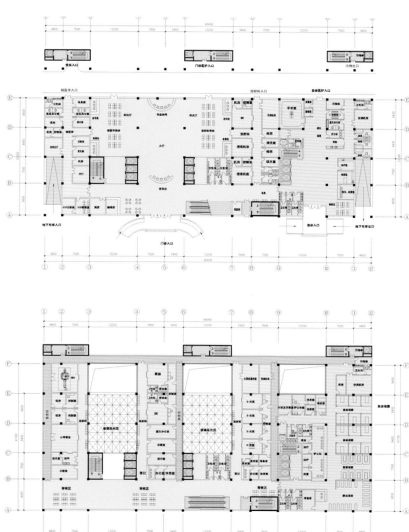

北京北苑医院

工程档案

建筑设计：中国中轻国际工程有限公司
项目地址：北京市朝阳区
用地面积：5.4hm²

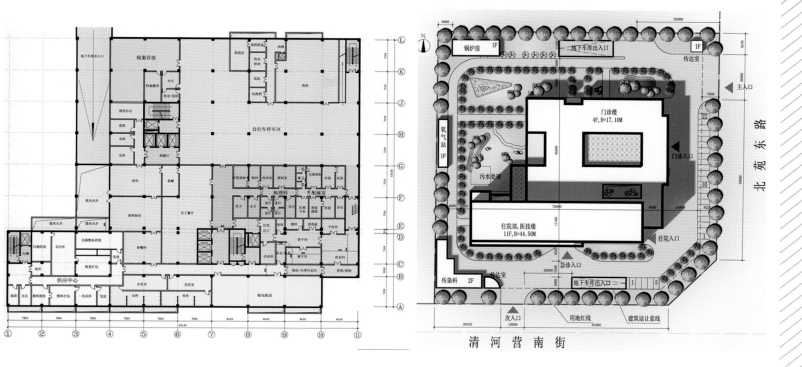

清河营南街

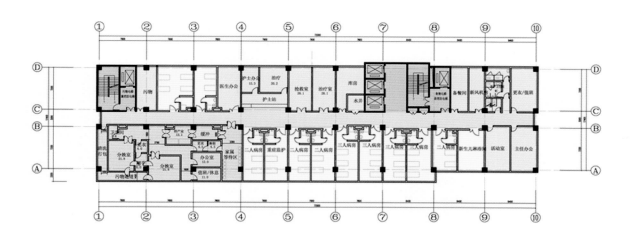

117

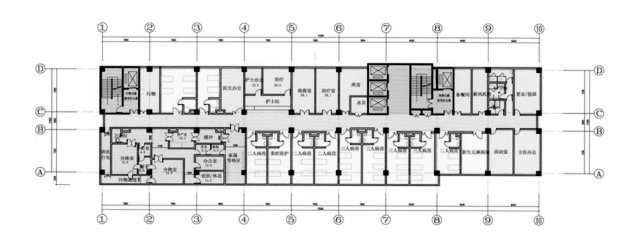

北京朝阳医院

工程档案

建筑设计：中国中元国际工程公司
项目地址：北京市朝阳区白家庄路 8 号
占地面积：50700㎡
规划总建筑面积：172000㎡
住院总病床数：1300

创意构思

项目名称：
设计单位：中国中元国际工程公司
项目名称：北京朝阳医院 门急诊及病房楼
项目地点：北京市朝阳区白家庄路8号
建筑面积：84000平方米
床 位 数：285床
日门诊量：6000人次
用地面积：57000平方米
绿地率：45.6%
停车位：385 辆

北京朝阳医院 门急诊及病房楼

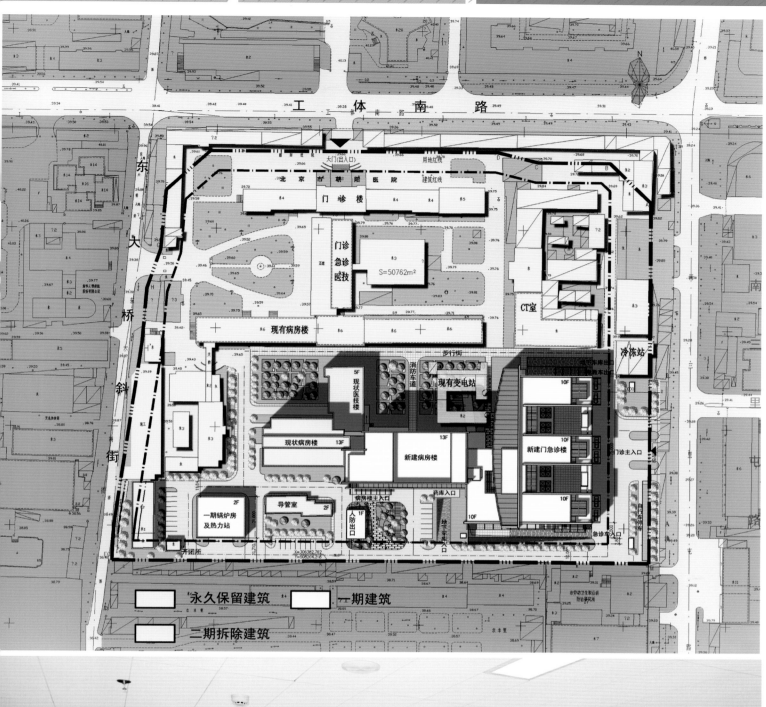

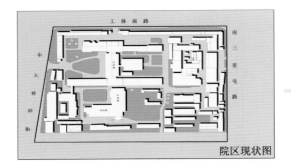

院区现状图

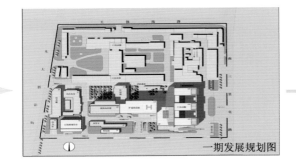

一期发展规划图

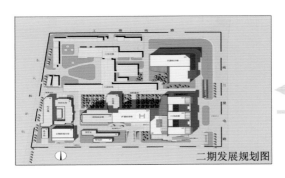

二期发展规划图

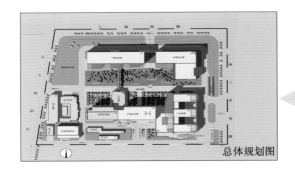

总体规划图

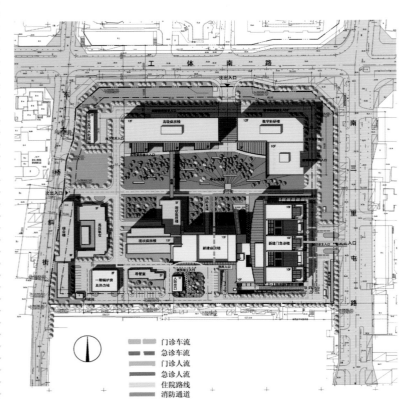

门诊车流
急诊车流
门诊人流
急诊人流
住院路线
消防通道

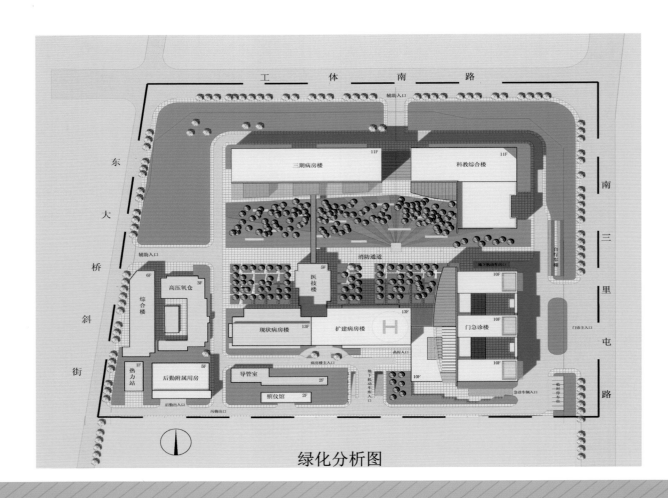

绿化分析图

门诊电梯厅

门诊单元

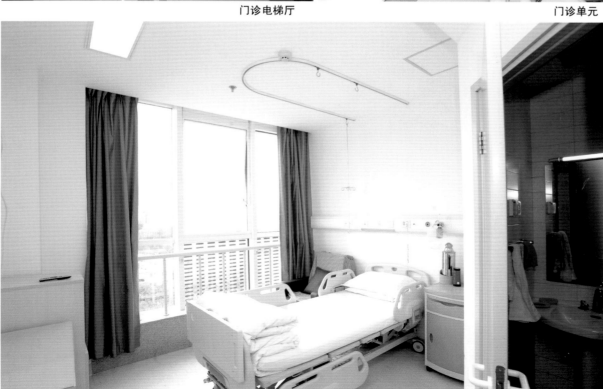

当代中国建筑方案集成 3 医疗体育

潍坊市中心医院

工程档案

建筑设计：天津大学建筑设计研究院
项目地址：山东省潍坊市
总用地面积：5100m²
总建筑面积：40160m²
建筑基底面积：2800m²
容积率：7.5
绿化率：52.3%
建筑高度：73.1m
层数：地上 15 层，地下 1 层
建筑高度：73.1m

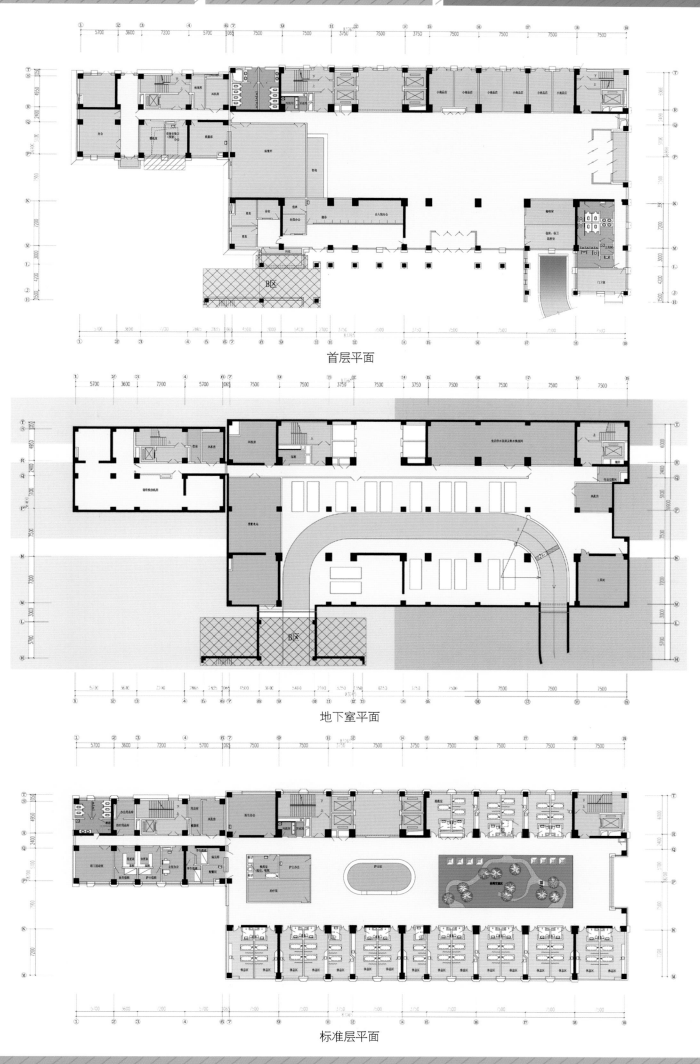

首层平面

地下室平面

标准层平面

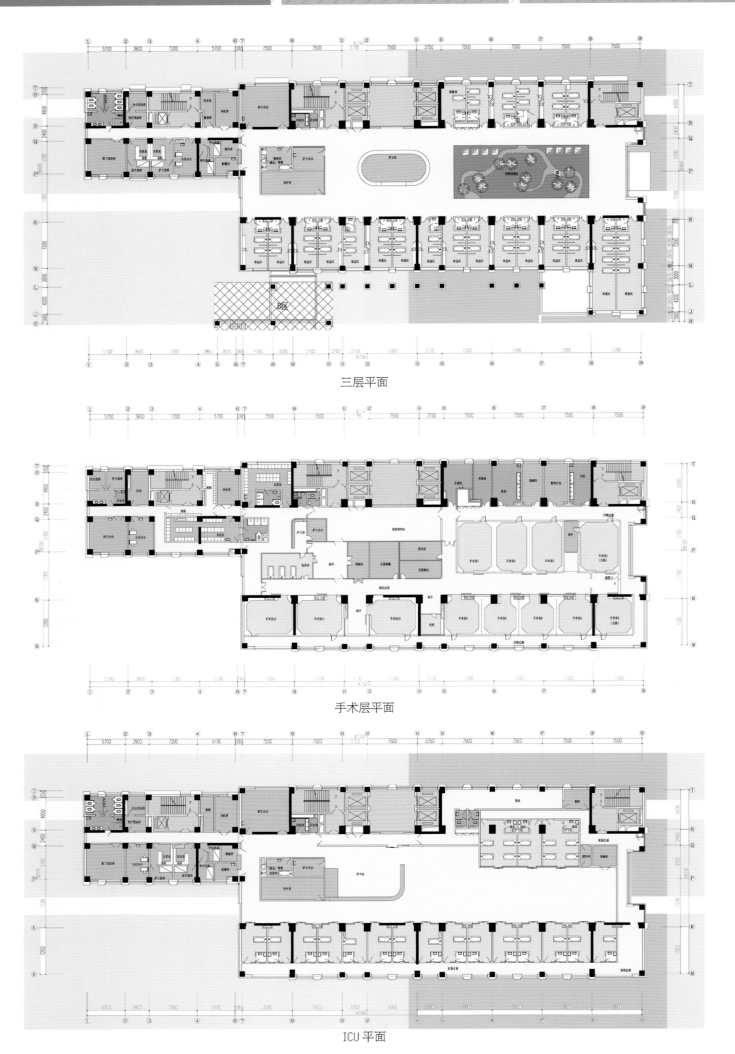

三层平面

手术层平面

ICU 平面

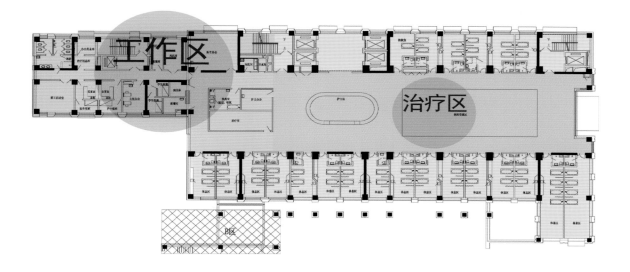

功能分区

妇产科平面

乌兰察布市蒙中医院

当
代
中
国
建
筑
方
案
集
成
3

医
疗
体
育

工程档案

建筑设计：中国中轻国际工程有限公司
项目地址：内蒙古乌兰察布
用地面积：40000m²

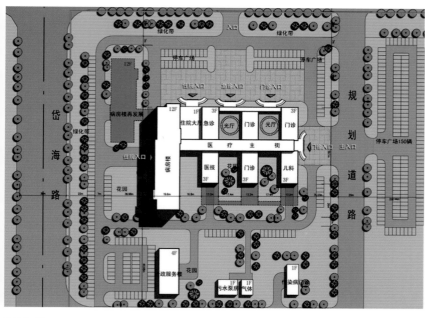

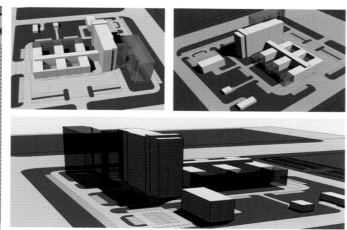

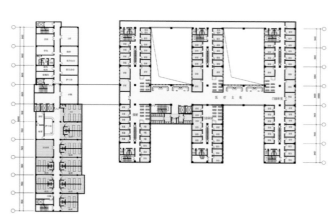

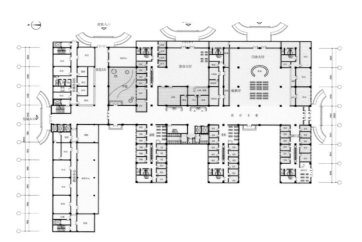

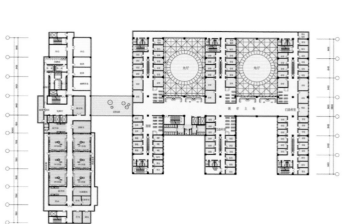

广东同江医院简介

工程档案

建筑设计：广东省建筑设计研究院
项目地址：广东佛山
用地面积：109420m²
建筑面积：306378m²

项目概况

广东同江医院是经广东省发改委和广东省卫生厅批准建设的大型综合性医院，是佛山市"十一五"发展规划重大建设项目。由著名神经外科专家、2008年度国家最高科技奖获奖者王忠诚院士亲任院长，按照三级甲等医院的标准建设的大型综合医院。

医院位于佛山顺德新城区中心地带，总用地面积109420m²，规划总建筑面积306378m²，其中建成的一期建筑面积127835m²，分医疗、科研教学、生活三个功能区。医疗区由门诊楼、医技楼、住院楼、地下室及附属医疗用房构成。一期设置病床951张，二期规划设置床位1500~2500张。

广东同江医院规模庞大，建筑单体的数量和种类繁多，功能流线十分复杂，工艺流程要求严格。本设计采用当代医院设计的最新理念，坚持"以人为本"的原则，充分体现了"合理、人性、生态、个性、弹性"的特点，具有规划布局合理、功能分区明确、流线清晰便捷、工艺先进完善、结构安全可靠、设备实用节能、形象美观大方、环境优美宜人等优点。设计强调尊重自然环境，因地制宜，为患者提供全方位体贴式的医疗服务和舒适宜人的园林式门诊住院和康复场所。

本工程积极采用各种节能环保的新材料和新技术，比如：采光屋顶采用了水循环降温系统，制热采用空气源热泵等，将医院打造成为低碳节能的绿色建筑。

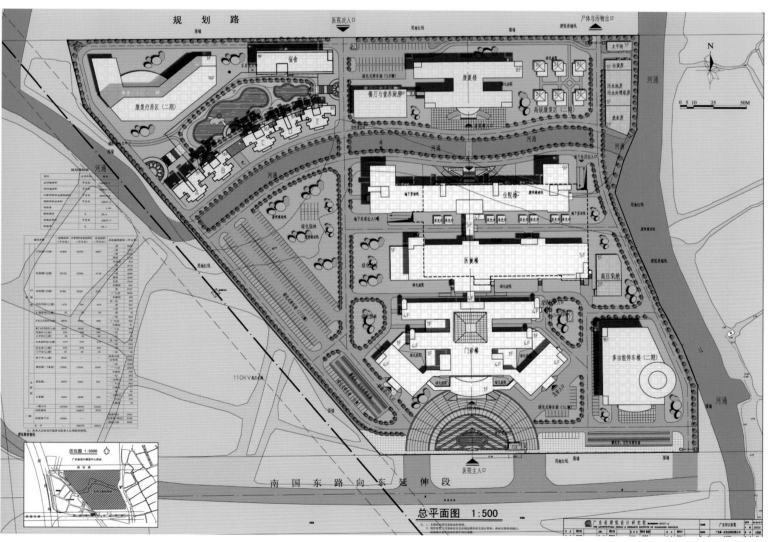

总平面图　1:500

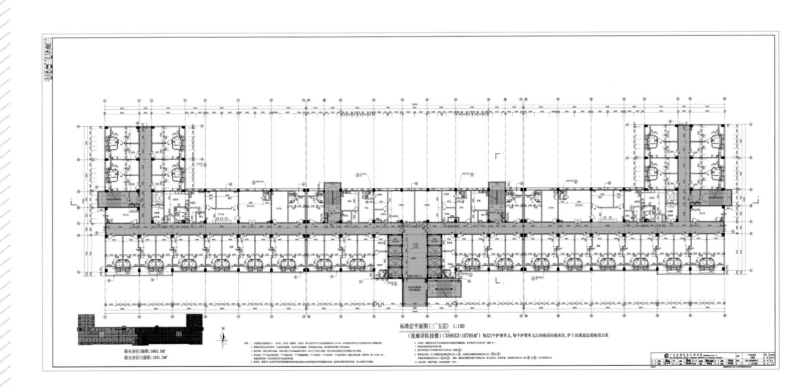

首层平面图（影像中心.放射科）1:100

标准层平面图(三~五层) 1:100
(连廊评医技楼)(3595X3=10785㎡) 每层2个护理单元，每个护理单元21间病房58张床位，护士站离最远端病房33米

防火分区I面积:1663.5㎡
防火分区II面积:1931.5㎡

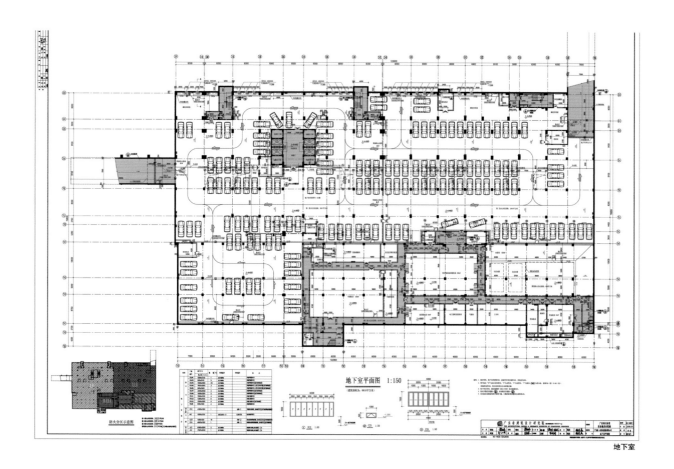

首层平面图（影像中心.放射科）1:100

地下室平面图 1:150

防火分区示意图

地下室

当代中国建筑方案集成 3 医疗体育

柳州市妇幼保健院门诊保健综合楼

工程档案

建筑设计：广西华蓝设计有限公司
项目地址：广西柳州
建筑面积：30776m²
建筑高度：92.5m

项目概况

　　柳州市妇幼保健院门诊保健综合楼建设单位为柳州市妇幼保健院，该工程由柳州市勘察测绘研究院勘测，由广西华蓝设计集团有限公司设计，由柳州大公工程建设监理有限责任公司监理，由柳州市众鑫建筑有限公司承建。

　　柳州市妇幼保健院门诊保健综合楼位于柳州市城中区映山街50号。综合楼为框架剪力墙结构，建筑总面积30776m²，地上二十一层，地下一层，建筑总高度92.5m。

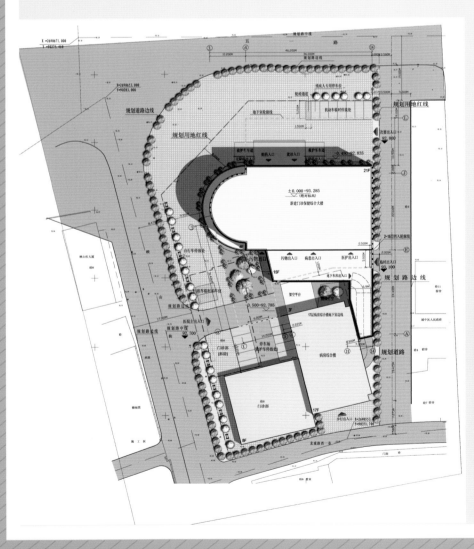

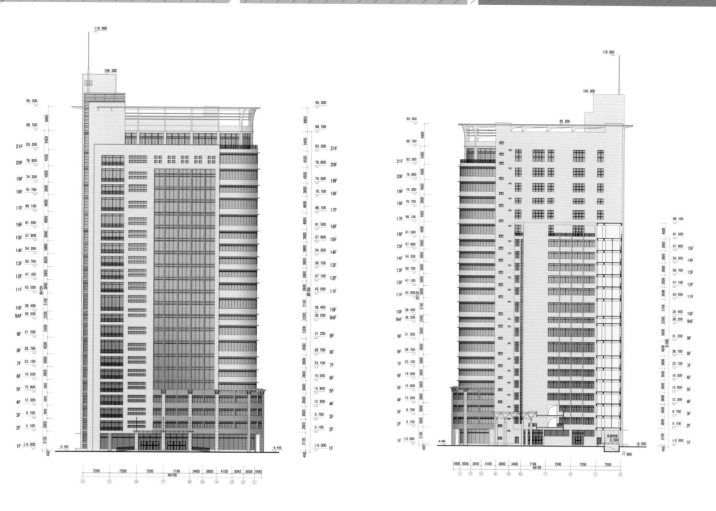

粤北人民医院

工程档案

建筑设计：中国中元国际工程公司
项目地址：广东省韶关市

工程档案

　　粤北人民医院是粤北地区最大的三级甲等综合医院，展开床位 2600 张，医院通过整体规划，分布实施，实现了医疗建筑的全部更新。包括门诊、急诊、900床的住院部，室内外一体化设计，使建筑具有高的完成度，建筑空间上延续住院大楼特点，门诊公共大厅采用开敞式空间。

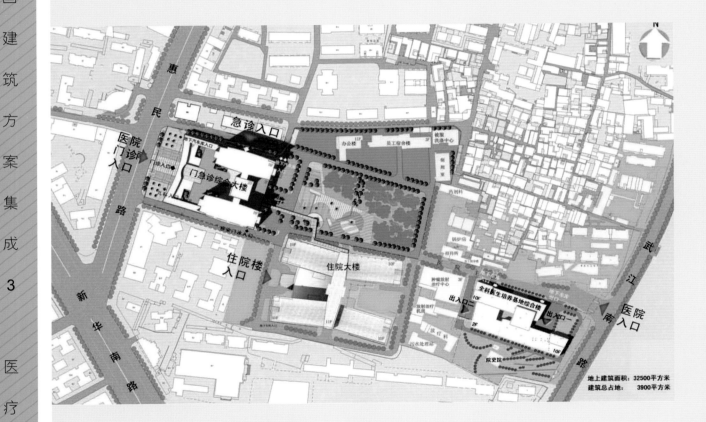

地上建筑面积：32500平方米
建筑总占地：　3900平方米

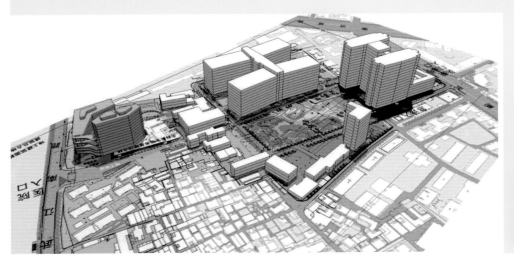

门诊大厅

急诊科

儿科

135

泉州市第一医院新院

工程档案

建筑设计：上海建筑设计研究院有限公司
项目地址：福建省泉州市
建筑用地：280 亩
建筑密度：21.61％
总建筑面积：108236m²
容积率：1.26
总建筑层数：19 层
建设规模：1000 床

总体鸟瞰图

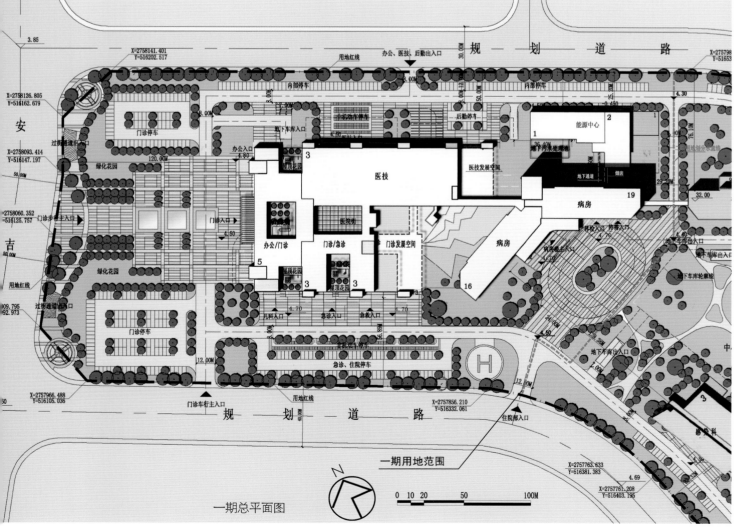

一期总平面图

高效性--便捷的外部交通组织

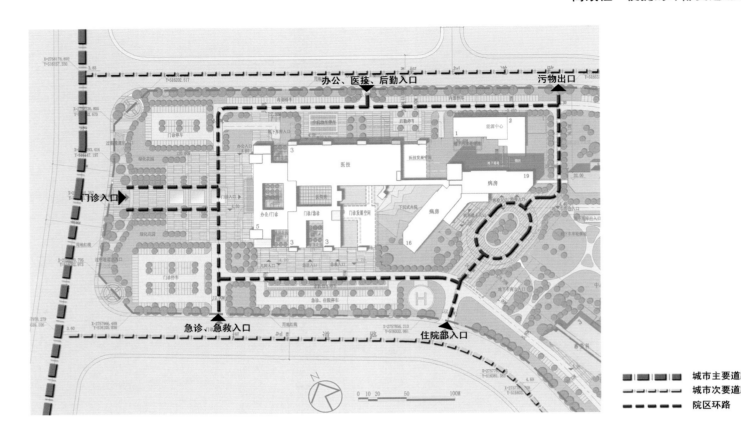

高效性--合理的内部功能布局

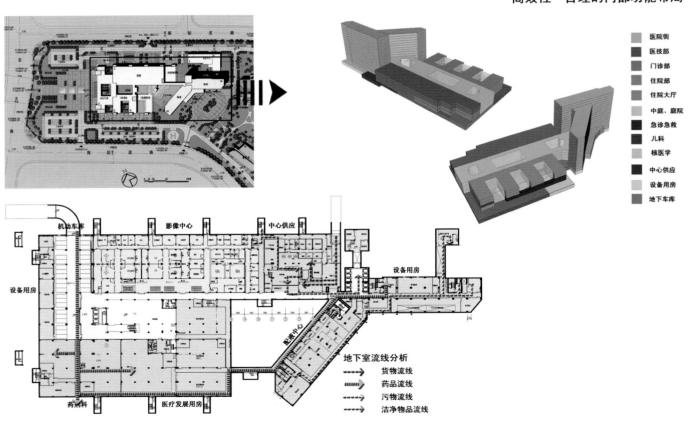

门诊诊室按照标准单元模块设计，每个模块医患分流、两次候诊，提供病人优美的就诊环境和医生舒适的工作氛围。

医技部分采用复式走廊的平面布置形式，将病人走廊和工作走廊分别设置；手术部采用清洁走廊和污物走廊分设的布置方式；为适应医疗技术，尤其是医技部门发展迅速的特点，利用医院的地下室和地上部分空间预留了较为充裕的发展空间。

整个医院的物流配送及设备支持设于地下，为地面环境的优化留下了充裕的空间。

138

室内装修设计

环境设计

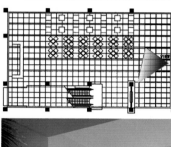

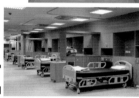

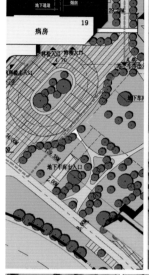

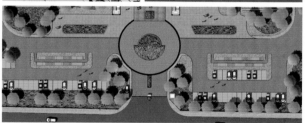

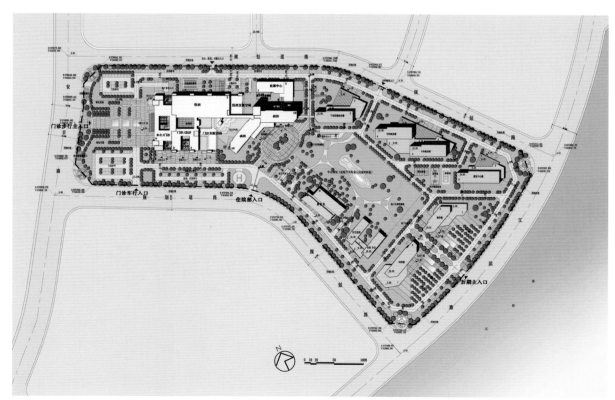

柳州市人民医院迁建工程

工程档案

建筑设计：广西华蓝设计有限公司
项目地址：广西省柳州市
用地面积：80052.013m²
总建筑面积：140317.3m²
容积率：1.76
建筑层数：地上20层，地下2层
建筑高度：80.05m
医院规模：1200床

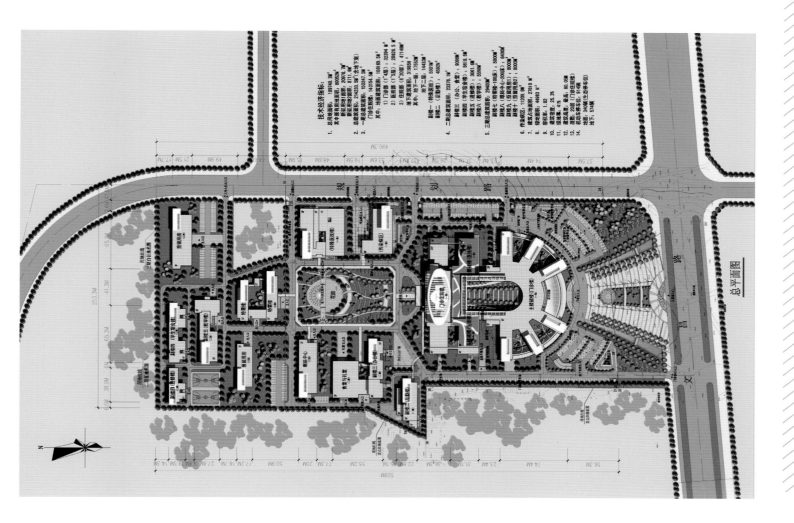

■ 1-1~1-21立面图

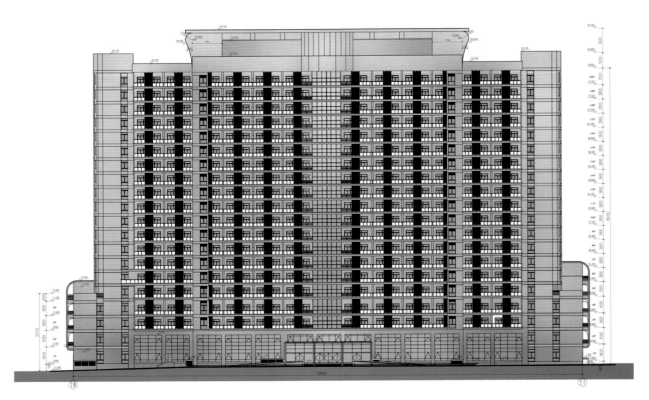

■ 2-19~2-1立面图

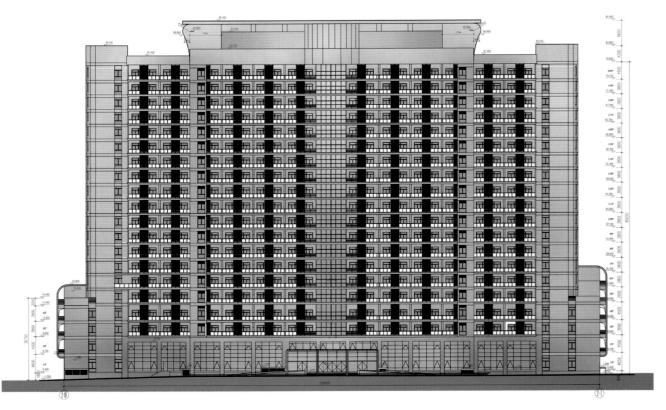

■ 2-19~2-1立面图

■ 2-P~1-G立面图

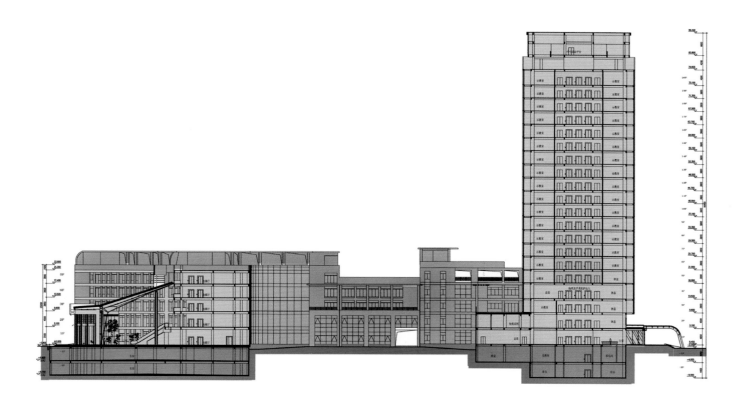

■ B-B剖立面图

设计·精心

绿阵·引导

夜景·明快

医疗港·通达

气宇·不凡

镜面·人生

丰富·温馨

阳光·舒畅

绿叶·生机

生命·力量

工程名称：柳州市人民医院迁建工程 门诊住院楼
设计单位：广西华蓝设计（集团）有限公司
竣工时间：2008年10月

■ 门诊大厅

145

自然·地域

协调·统一

严谨·独特

工程名称：柳州市人民医院迁建工程 门诊住院楼
设计单位：广西华蓝设计（集团）有限公司
竣工时间：2008年10月

■ 建筑细部

广州暨南大学医院

工程档案

建筑设计：山东省建筑设计研究院
项目地址：广东省广州市
总建筑面积：72000m²

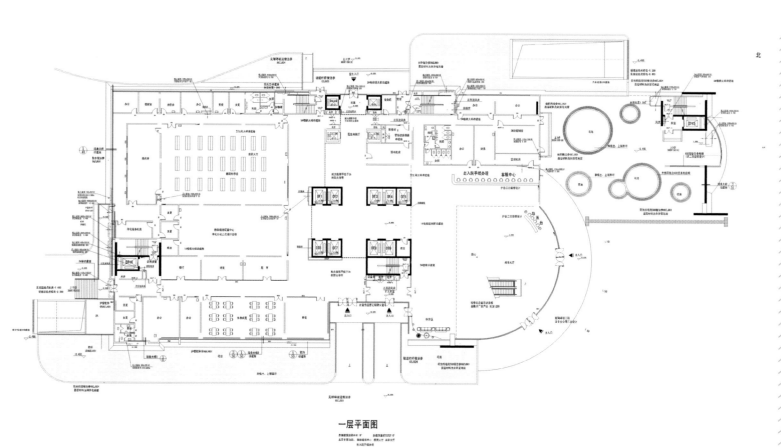

一层平面图

体育项目

Sports
Projects

国家体育馆

工程档案

建筑设计：同济大学建筑设计研究院
项目地址：上海市虹口区
建筑高度：56.9m
建筑面积：43000m²

项目概况

　　国家体育馆是第29届奥林匹克运动会主要比赛场馆之一，坐落于奥林匹克公园中心区的南部，是中心区最重要的建筑之一。工程项目总用地面积6.87hm²，主要由比赛馆主体建筑和一个与之紧密相邻的热身馆以及相应的室外环境组成，可容纳观众固定坐席约1.8万席，场地内临时坐席约0.2万席，总建筑面积8.1万m²。

　　根据比赛场地和热身场地对净空的不同要求，国家体育馆屋面设计成由南向北单方向波浪式造型，一方面符合建筑内部的功能使用要求，更重要的是在城市空间景观上衔接国家游泳中心和会议中心，起到承前启后的作用，整个建筑朴实、大气，稳重而不张扬，可以说是中华民族传统建筑美学与当代建筑风格的完美结合。

　　国家体育馆是奥运中心区唯一的一座我国自行设计、自行施工、全部采用国产建材建设的场馆，也是亚洲目前最大的室内体育馆，整个工程充分体现出中国特色。

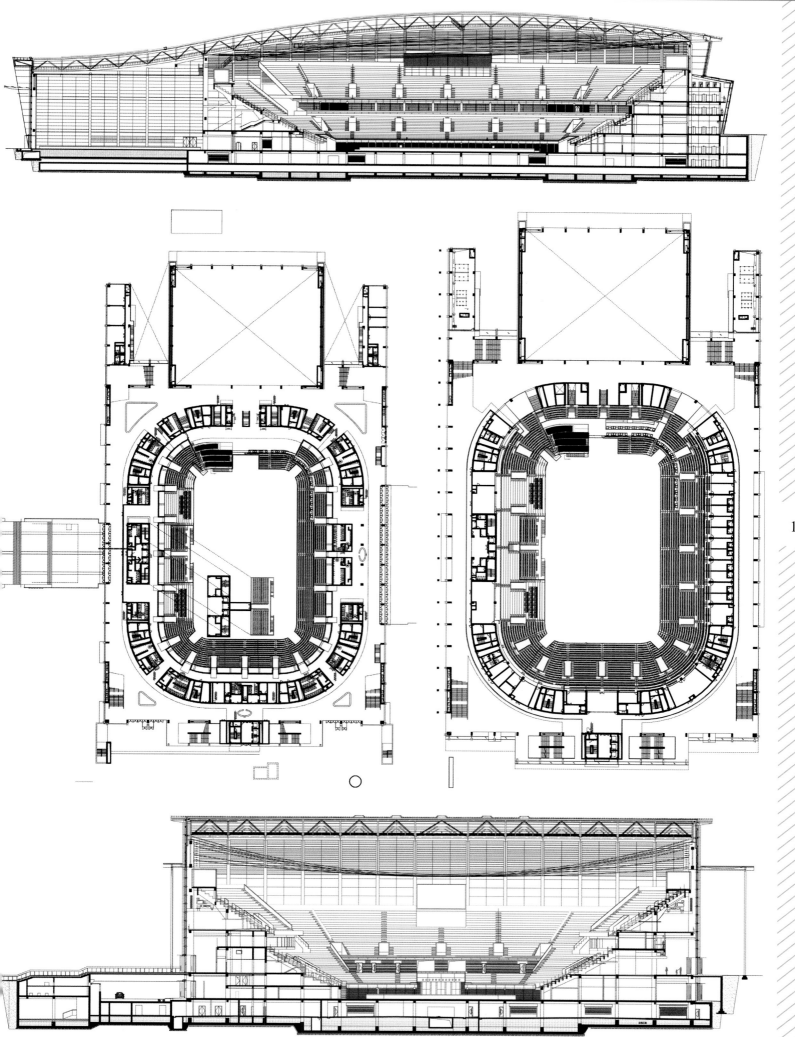

151

152

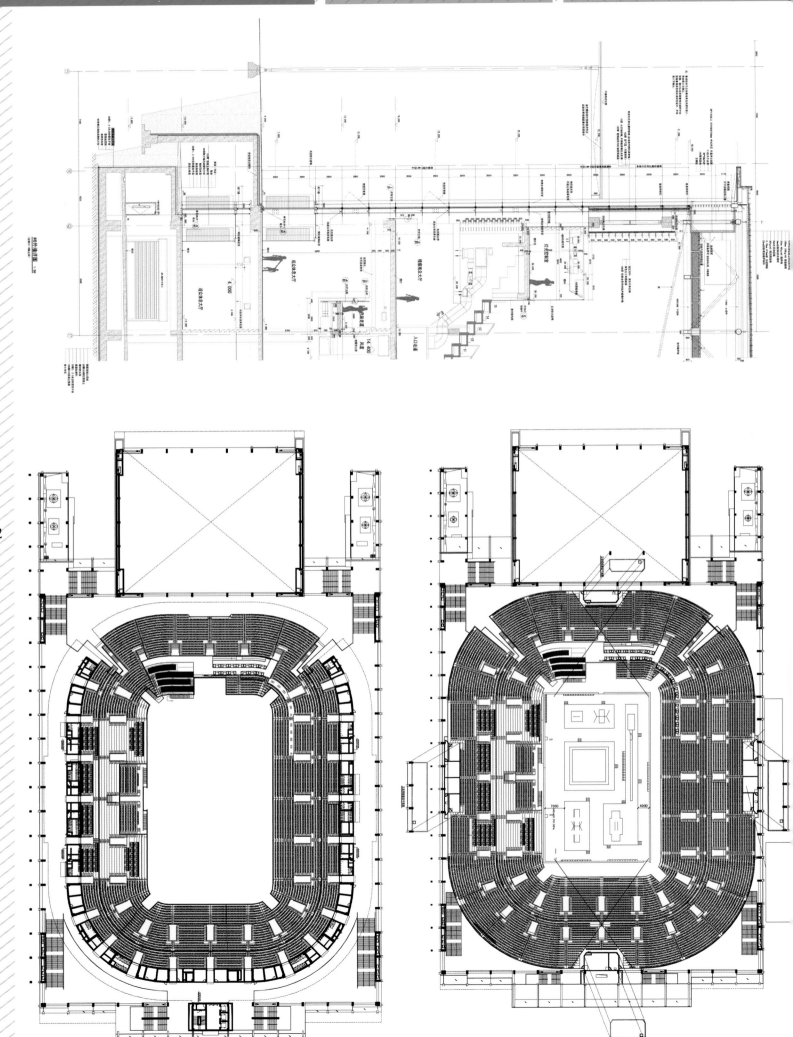

广州亚运馆

工程档案

建筑设计：广东省建筑设计研究院
项目地址：广州亚运城南部
建筑面积：65315m²
建筑高度：33.8m

项目概况

2010 年广州亚运会共有四大主场馆，广州亚运馆是其中唯一新建的主场馆，项目紧邻风景优美的莲花湾，是一个包含体操馆、综合馆、亚运历史展览馆等的综合场馆组群。

方案以表现艺术体操"彩带飘逸"为设计主题，经两轮国际设计竞赛激烈角，最终从众多境外事务所联合体中脱颖而出，成为有中国建筑师原创设计中标的成功案例。

广州亚运馆设计风格创新独特，建筑空间非线性， 视觉体验动态，使用了多项高新技术：

(1) 三维设计模拟技术，构筑复杂建筑造型与空间；

(2) 隐藏拉索式复合结构幕墙；

(3) 不锈钢双表皮金属屋面板系统；

(4) 清水混凝土浇筑及控制技术；

(5) 结构设计采用蒙皮技术，提高单层网壳抗震性能；

(6) 钢板剪力墙核心筒满足大震设计要求；

(7) 全国首例建筑物采用 TMD 提高舒适度及抗震；

(8) 虹吸雨水收集及综合利用系统；

(9) 自然采光及通风绿色节能控制技术；

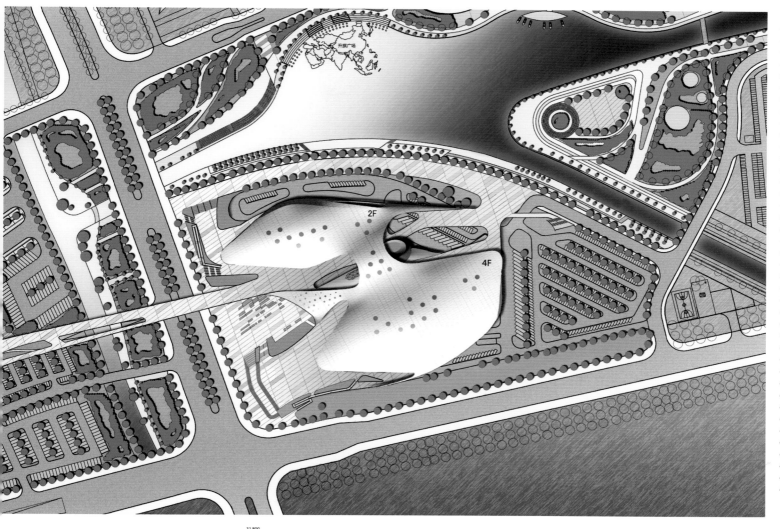

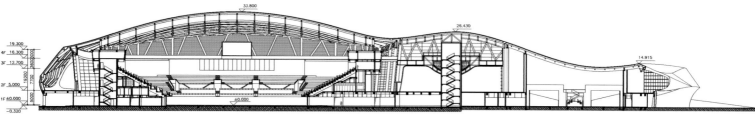

剖面图 1:200

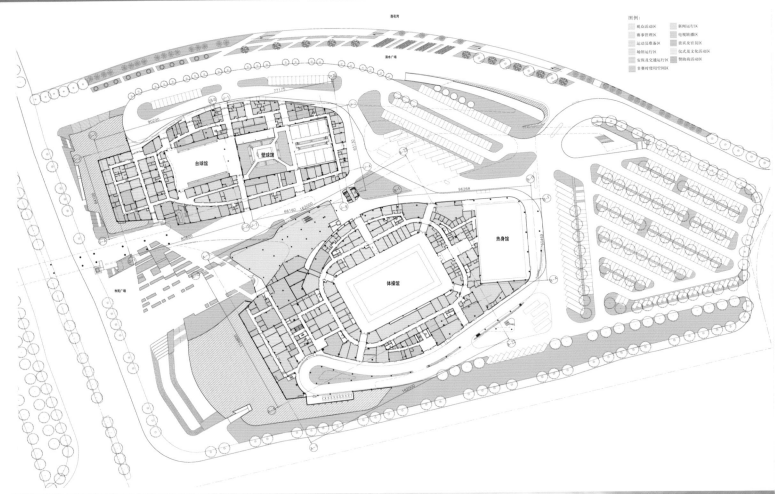

长春奥林匹克公园

工程档案

建筑设计：北京华清安地建筑设计事务所有限公司
项目地址：吉林长春市
用地面积：496400m²
建筑面积：325000m²

设计说明

长春奥林匹克公园总用地面积 49.6 万 m²，其中：体育场馆用地面积 47.5 万 m²，配套酒店用地面积 2.1 万 m²；全区总建筑面积约 32.5 万 m²，其中体育场馆建筑总面积 21.2 万 m²，体育运动学校及运动员公寓建筑面积约 6.3 万 m²，配套酒店建筑面积约 5 万 m²。公园内各场馆按甲级体育建筑进行设计，赛事定位为全国性综合比赛和部分项目的国际单项比赛，赛后定位为区域健身娱乐中心、休闲旅游中心、商务会展中心、体育培训中心、青少年体育活动基地、竞技训练基地等。

长春奥林匹克公园的设计坚持以人为本的原则，以服务于体育竞赛为宗旨，做到规模合理、功能适用、经济高效，从未来承办国际国内赛事和开展群众健身、运动训练、产业开发、休闲娱乐需要出发，坚持建设环保、节能、精品体育设施和可持续发展理念，本着政府主导、市场运作原则，建设布局合理、功能齐全、国内一流的比赛场馆。

30000 人的主体育场位于规划用地中心位置，统领全局。

游泳馆、体育馆、全民健身中心、射击射箭馆与自行车馆围绕体育场呈放射性展开布置，并以环廊将各场馆立体相连。五馆将体育场围合在核心位置，既突出了主体育场的重要性，又极力表现了各个馆的运动张力。

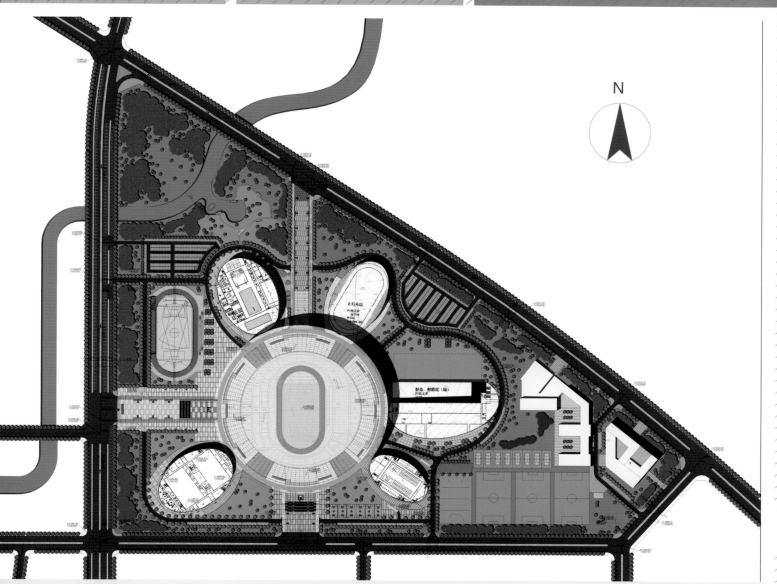

经营管理及赛后利用

在长春奥林匹克公园的功能设计中充分考虑赛时和赛后的不同用途，在这基础上借鉴国际上的先进理念和技术，并结合中国国内的实际情况，对赛时和赛后作了全面的考虑：

a. 赛时：

长春奥林匹克公园的在赛时为全国性综合比赛和部分项目的国际单项比赛的场地，同时可为吉林省长春市的重要体育项目提供训练基地，又可为国家队、其它省市专业队提供专业的训练场地。赛后作为室外运动场地的用地，在赛时可用作停车场，用于停放车辆。

b. 赛前及赛后：

体育场馆的赛后利用已成为世界范围内各体育场馆要面对的问题，在本方案设计中考虑将各场馆的室内室外空间的设计达到最优化，既考虑到赛时的需要，又便于赛前及赛后的经营运营，自给自足。这里将成为为长春高新技术产业开发区及长春市城区服务的、集群众文化、体育和休闲为一体的城市公共活动中心。

c. 区域健身娱乐公园：

园区内设置大量的运动场地，如足球场、篮球场、网球场、羽毛球场、游泳池、旱冰场等。既满足了区域内群众的健身娱乐要求，经营场地的收入又可用来提供场馆的日常运营、保养费用，做到以体育养体育。商务会展、休闲市场和酒店设施：

长春奥林匹克公园中构建有体育特色的商务、会展、休闲等消费市场，并配备良好齐全的会议、住宿设施和完善的配套娱乐休闲设施，以吸引长春高新技术产业开发区和长春城区消费者来此商务、休闲消费。

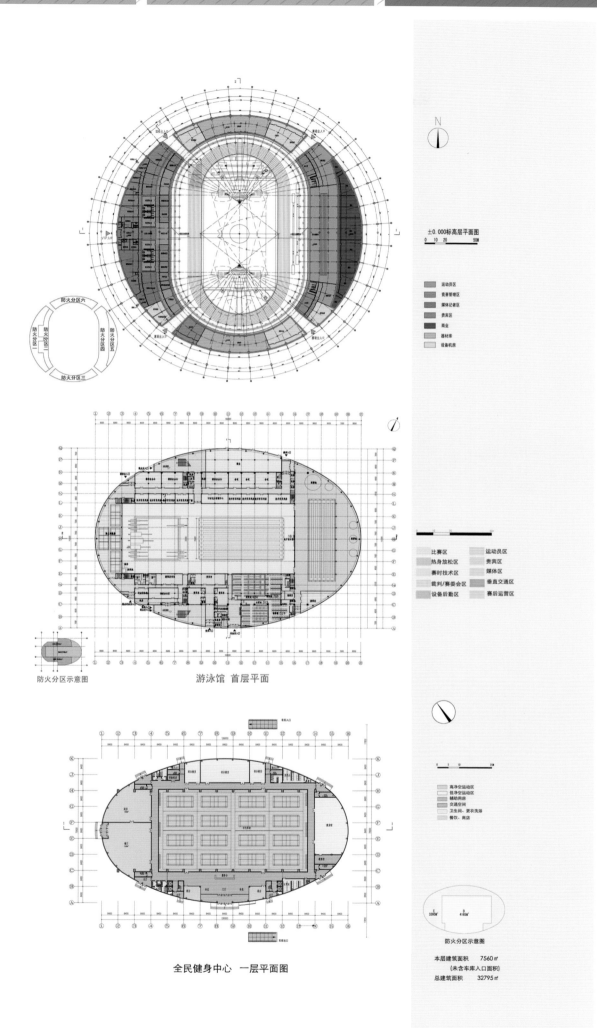

±0.000标高层平面图

0 10 20   50M

运动员区
竞赛管理区
媒体记者区
贵宾区
商业
器材库
设备机房

161

比赛区　　　　运动员区
热身放松区　　贵宾区
赛时技术区　　媒体区
裁判/赛委会区　垂直交通区
设备后勤区　　赛后运营区

防火分区示意图　　　游泳馆 首层平面

高净空运动区
低净空运动区
辅助用房
交通空间
卫生间、更衣洗浴
餐饮、商店

防火分区示意图

本层建筑面积　7560㎡
（未含车库入口面积）
总建筑面积　32795㎡

全民健身中心 一层平面图

延吉体育中心

工程档案

建筑设计：吉林省建筑设计院有限责任公司
项目地址：吉林省延吉市
建筑面积：61210m²

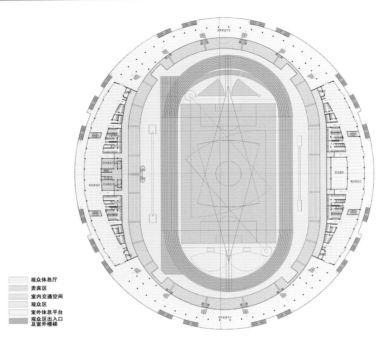

观众休息厅
贵宾区
室内交通空间
观众区
室外休息平台
观众区出入口
及室外楼梯

体育场二层平面图

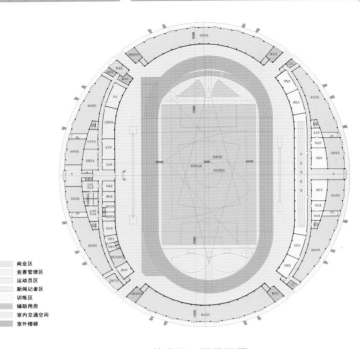

商业区
竞赛管理区
运动员区
新闻记者区
训练区
辅助用房
室内交通空间
室外楼梯

体育场一层平面图

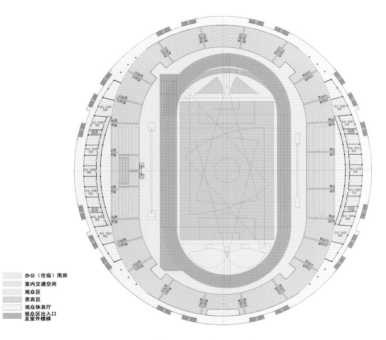

办公（住宿）用房
室内交通空间
观众区
贵宾区
观众休息厅
观众区出入口
及室外楼梯

体育场三层平面图

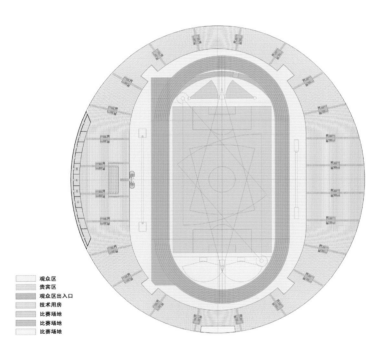

观众区
贵宾区
观众区出入口
技术用房
比赛场地
比赛场地
比赛场地

体育场看台层平面图

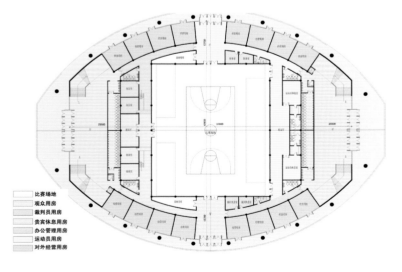

比赛场地
观众用房
裁判员用房
贵宾休息用房
办公管理用房
运动员用房
对外经营用房

多功能馆一层平面图

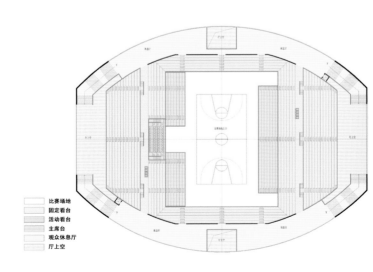

比赛场地
固定看台
活动看台
主席台
观众休息厅
厅上空

多功能馆二层平面图

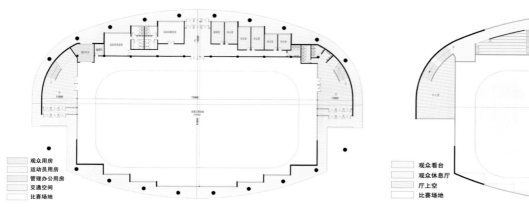

观众用房
运动员用房
管理办公用房
交通空间
比赛场地

滑冰馆一层平面图

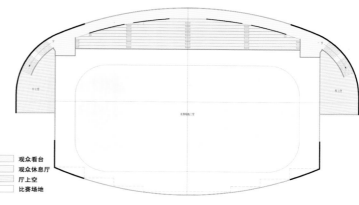

观众看台
观众休息厅
厅上空
比赛场地

滑冰馆二层平面图

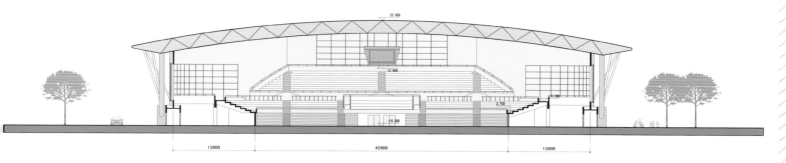

多功能馆剖面图

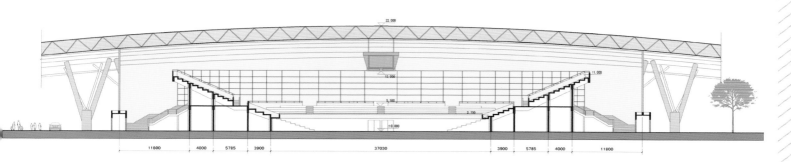

多功能馆剖面图

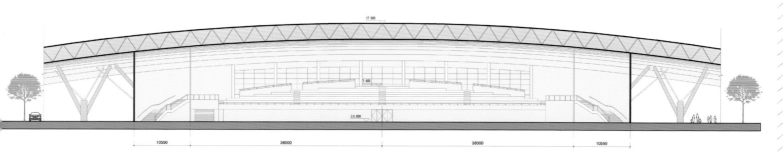

滑冰馆剖面图

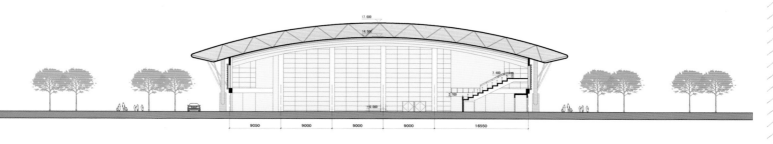

滑冰馆剖面图

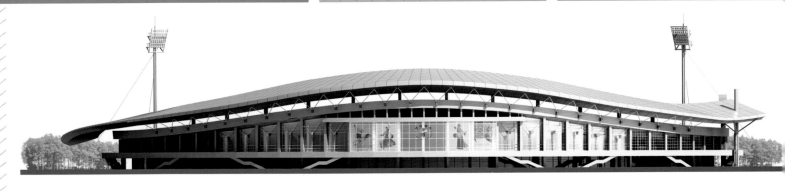

体育场立面图

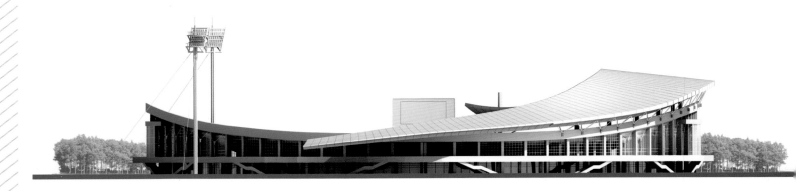

体育场立面图

166

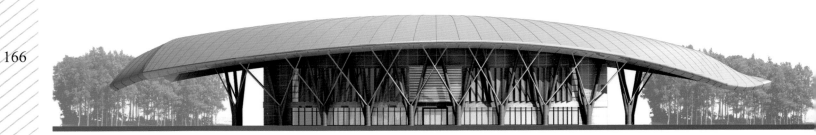

多功能馆立面图

多功能馆立面图

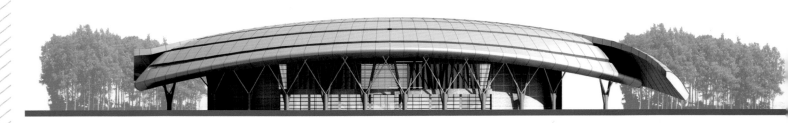

滑冰馆立面图

滑冰馆立面图

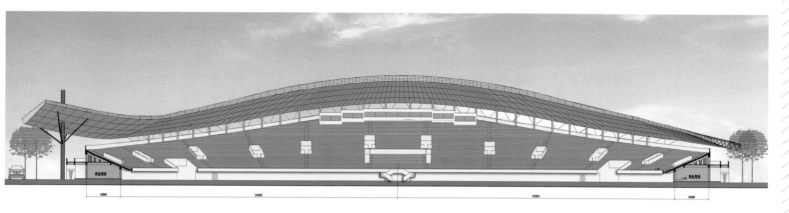

体育场剖面图

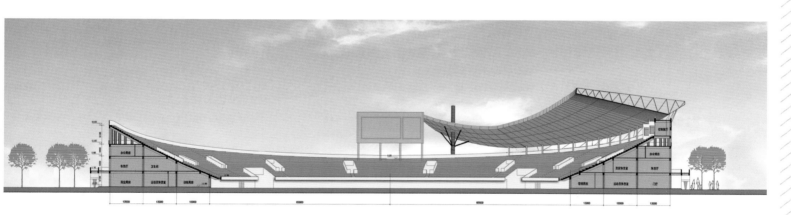

体育场剖面图

167

上海东方体育中心室外跳水池

工程档案

建筑设计：同济大学建筑设计研究院
项目地址：上海浦东新区
建筑面积：10515m²
结构形式：钢筋混凝土框架、钢结构

项目概况

　　上海东方体育中心是为了满足承办 2011 年第十四届国际泳联世界锦标赛和举办国内外大赛的需要，提升上海城市形象，完善城市公共体育设施布局，推进上海国际大都市和国际知名体育城市的建设，以改善民生为重点的社会事业项目。工程位于黄浦江南延伸段 ES4 单元中的 01、02 地块（黄浦江东、川杨河南、济阳路西、规划路北侧范围），包括综合体育馆、游泳馆、室外跳水池、新闻中心及停车场、公交站点等相关配套设施。项目总用地面积 34.75 万平方米，总建筑面积 15.29 万平方米。室外跳水池坐落于人工湖的岛上，建筑外观造型呈半月形，开口向朝西可远望至黄浦江，它的设计是上海东方体育中心的一大亮点，在开放式的座席上，观众可以从不同角度欣赏整个东方体育中心，纵览浦江两岸的水岸景观。

　　室外跳水池包含 1 个跳水池和 1 个 10 泳道标准游泳池，设置座位 5000 个，在 2011 年国际泳联的世锦赛中，主要作为跳水比赛的竞赛场地，建筑外观主要通过钢结构造型展现的，其外饰面材料为铝单板 + 膜结构，整个外观造型由 18 ▮悬臂钢结构，彼此之间通过横向杆件及张拉索形成稳定的整体

170

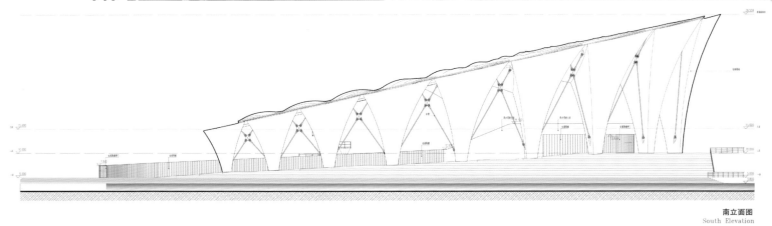

南立面图
South Elevation

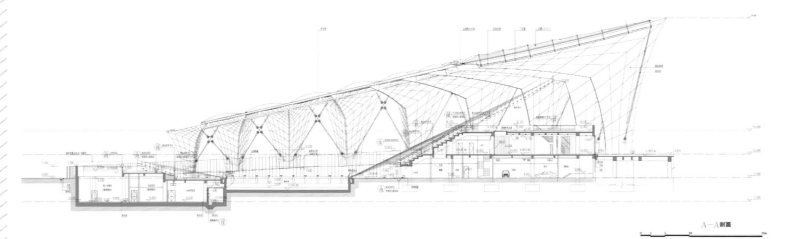

A—A 剖面

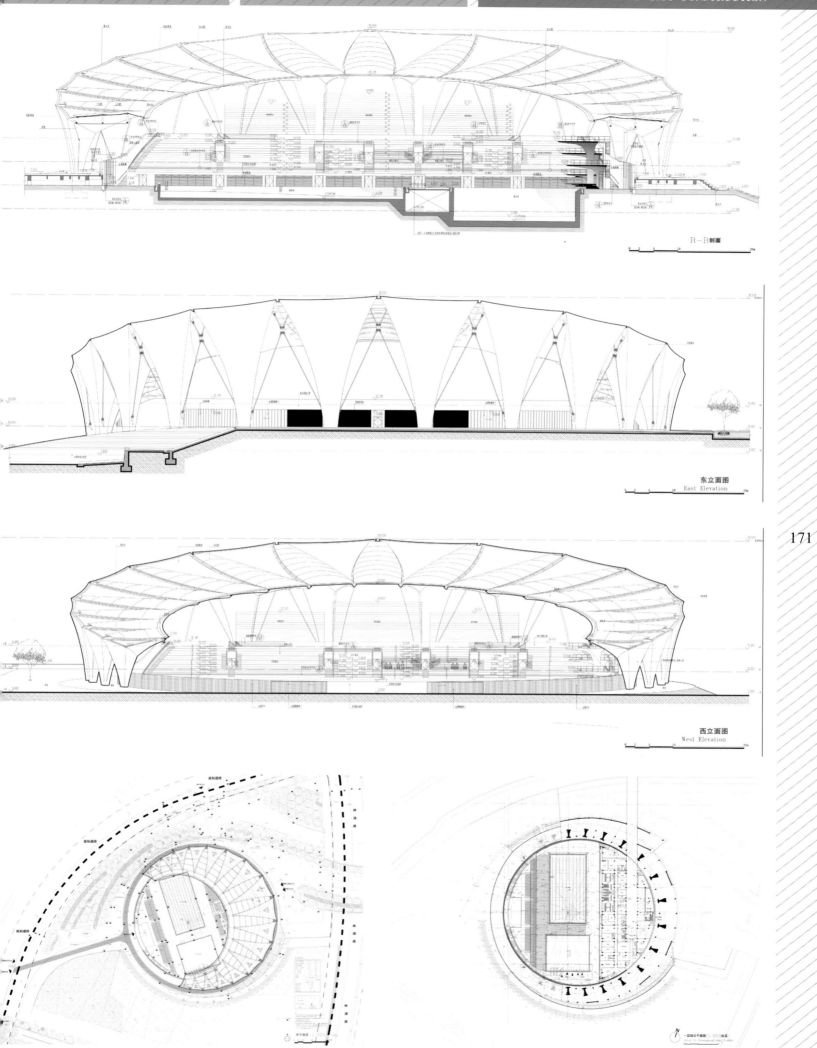

B—B剖面

东立面图
East Elevation

西立面图
West Elevation

深圳光明新区群众体育中心

工程档案

建筑设计：深圳大学建筑与城市规划学院
项目地址：深圳市光明新区

项目概况

　　项目位于深圳北部的光明新区，基地坐落于牛山公园东北角，在华夏路与光桥路交汇处，今后将是周边众多商品房小区和保障房小区的市民体育锻炼的汇集地。光明新区是深圳市唯一的"绿色示范区"，高起点的建设，将重点保护生态绿地资源，构筑与城市有机结合的绿色生态格局。

规划设计

功能布局：一期管理用房靠近西北角的路边进出便捷，高达护网的网球场贴近山体，泳池、篮球场在用地中央布置；二期体育会所和羽毛球馆分置东、北两侧，便于商业运营，高大的网球馆退后至山体，与公园洗手间一道采用半覆土方式融入自然。

规划结构：设计了贯穿用地的斜向45°规划主轴，自入口五环广场经景观大道直指主网球场，串起了若干开敞的空间节点，同时连接公园环道及场内通向各场馆的规划次轴，将视线通廊引向山坡树林。

图底关系：分列外圈的功能配套建筑，与项目背后依靠的山体相互呼应，共成围合出中央最大化的场地，形成土地利用的集约化。

分期建设：充分考经济性、可实施性及相互的影响干扰。一期靠近西侧，以场地为主，建设出入口依靠华夏路；二期靠近东侧，以建筑为主，建设出入口利用光桥路。

设计理念

方案构思着重体现了"群众体育是竞技体育的基础，群众体育中心的建成，犹如为市民强身健体树立了磐石"这一设计象征。"磐石"方案由此得名。

我们的六大设计原则是：1.低碳生态、绿色光明；2.顺应地势、融入自然；3.外馆内场、空间最大；4.数字结构、时尚现代；5.分期明晰、控制造价；6.集约设计、留有余地。

沿华夏路整体立面图

网球馆立面图

174

主网球场

沿华侨路整体立面图

管理用房

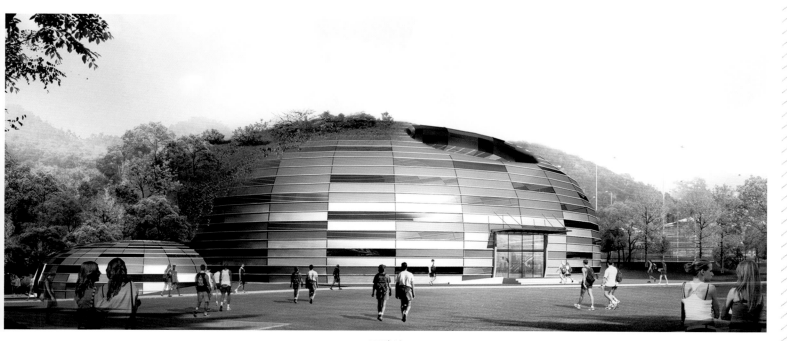

网球馆

体育会所

体育会所中庭

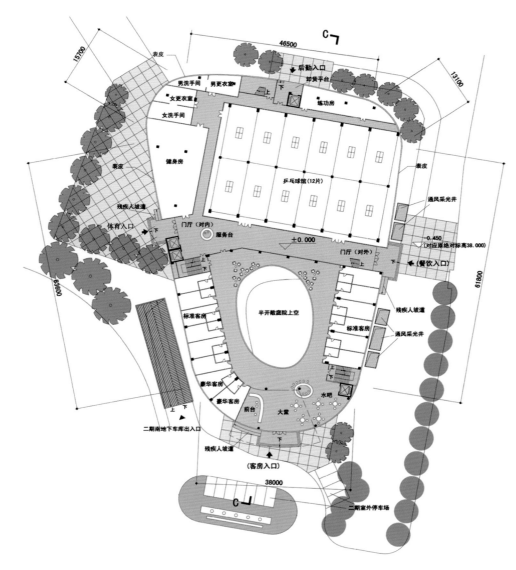

体育会所首层平面图

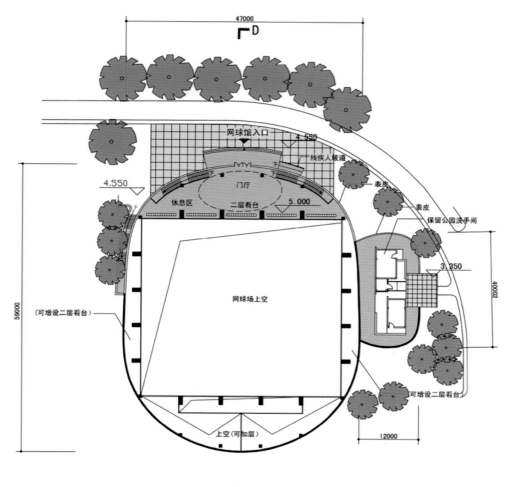

二期室内网球馆 二层平面图

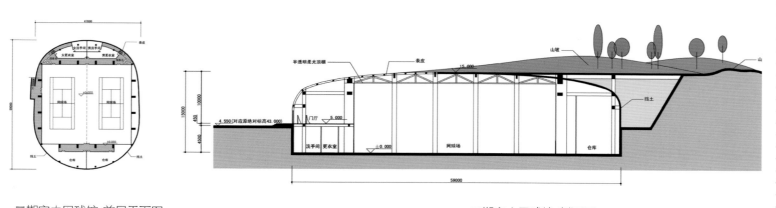

二期室内网球馆 首层平面图

二期室内网球馆 剖面图

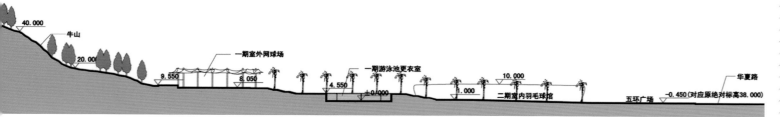

场地整体剖面图

金华体育中心

工程档案

建筑设计：浙江大学建筑设计研究院
项目地址：浙江省金华市
建筑面积：99580m²

项目概况

金华体育中心由 30000 座体育场，6000 座体育馆和 1600 座游泳馆所组成。

项目设计意向源于当地"婺剧"脸谱中凝固的"抽象曲线"的提炼，和民间流传的"舞龙灯"里"龙灯跃动"的捕捉。一静一动，源于传统，取自文化，却又极吻合于体育精神的表现。

三个场馆以"跃动"的屋面塑造出整体轮廓，V形柱则是建筑构成的另一重要元素，其韵律、动感、现浇混凝土的扎实；与三场馆拱形屋面的轻盈、纯净、铝锰镁的灰色稳健，共同塑造出刚柔并济、动静平衡、阴阳和谐的体育精神境界。

景观设计的核心理念是"绿色"，希望将整个体育中心布置在一个绿意昂然的公园环境中，为建筑和人的活动赋予赏心悦目的自然背景的同时，与周边的湖海塘公园气韵贯通、相得益彰。

创作的整个过程如同谱写一部完整和谐的乐章，结构的逻辑性；体育的特色性；设计的整体性，如同主旋律贯穿于建筑群总体设计的始终。各个单体又如主旋律的变奏，形体变化相互联系，材料质感对比统一，从而达到整个体育中心空间与视觉上的和而不同，并以合适的尺度融入城市，成为城市南部新的文化地标。

设计意向源于当地文化；建筑表达吻合体育精神。

体育场夜景透视

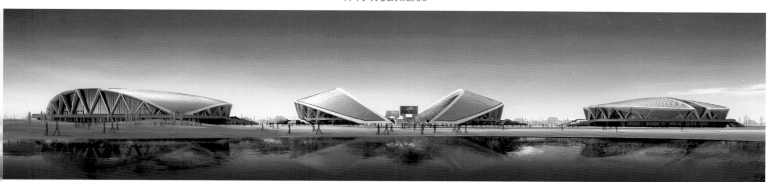

湖海塘区域景观系统图

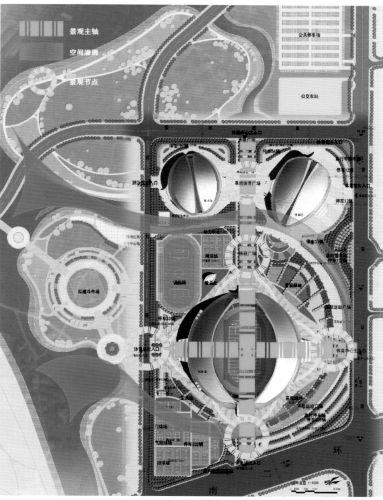

体育中心景观系统图

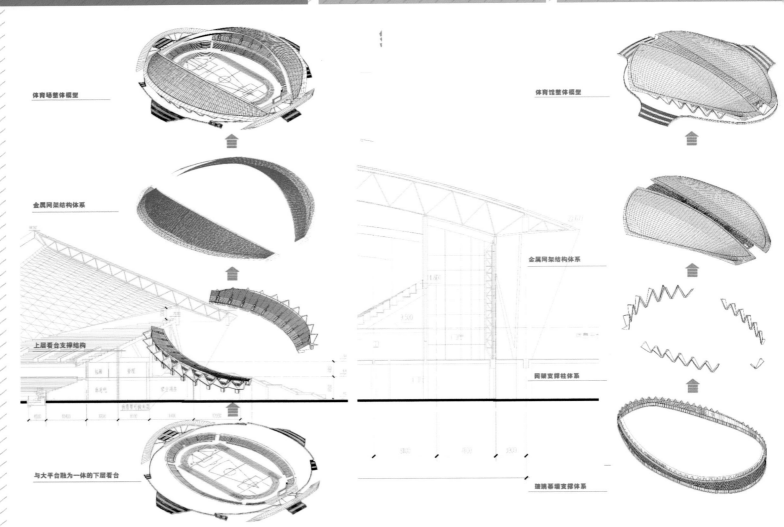

体育场整体模型

金属网架结构体系

上层看台支撑结构

与大平台融为一体的下层看台

体育馆整体模型

金属网架结构体系

网架支撑柱体系

玻璃幕墙支撑体系

结构的逻辑

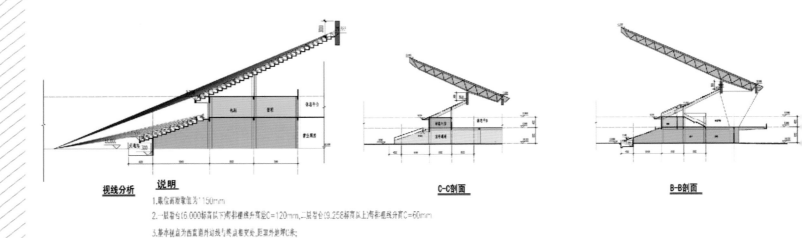

视线分析　　说明

1.座位高度取值为1150mm

2.一层看台(6.000标高以下有斜坡视线升高值C=120mm,二层看台(9.258标高)以上有看视线升高C=60mm

3.幕本梯点为西直商外边线与樊点相变处,距室外地坪C米;

C-C剖面

B-B剖面

体育场（赛时）

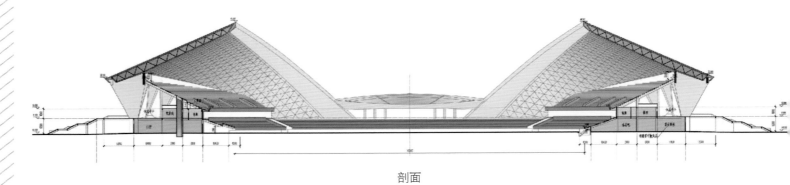

剖面

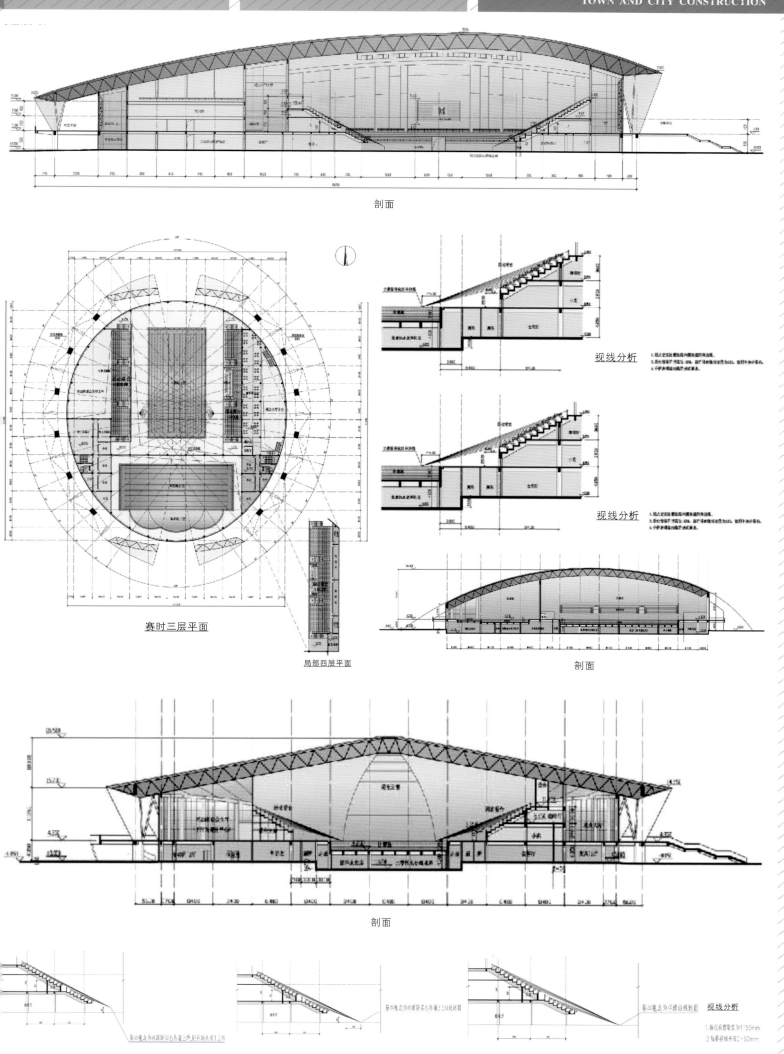

剖面

赛时三层平面

局部四层平面

视线分析

视线分析

剖面

剖面

视线分析

淮安市体育馆

工程档案

建设单位：华南理工大学建筑设计研究院
项目地址：江苏省淮安市
建筑面积：20390m²
建筑层数：3层

项目概况

　　淮安因运河而兴，体育馆、游泳馆造型取"水波"之意。疏密相间的竖向层叠的金属屋面、墙身，通过角度的依次扭转，游泳馆硬朗线条与体育馆柔和曲线的对比，形成刚柔并济、此起彼伏的流线型天际线，富于动感。

　　（1）首层柱廊为行人遮风避雨，营造出接到的小尺度灰空间，增加商业气氛；

　　（2）二层平台增加立面层次，巧妙烘托建筑形象，同时增加首层商业机会和供市民活动的场所；

　　（3）金属屋面的层叠造型，巧妙结合了采光天窗的设计，丰富建筑造型的同时，满足自然采光通风的日常要求，可大量节约能耗；

　　（4）整体建筑群结合紧密，造型简洁、舒展，体现大气、简约的现代体育建筑造型风格。

　　场馆利用运用灵活多变的钢衍架、型钢钢架结构作为体育馆的主体结构，配合新型的双曲面金属屋面、玻璃幕墙及天窗等的有规律变化，形成了强烈的动感；在功能分区、流线组织合理的前提下，无论是辅助空间和比赛大厅都充分考虑其灵活可变性，满足赛事及赛后的功能转换要求；充分体现利用现代科技设备和新型节能环保材料，使体育馆成为节能和环保的典范。

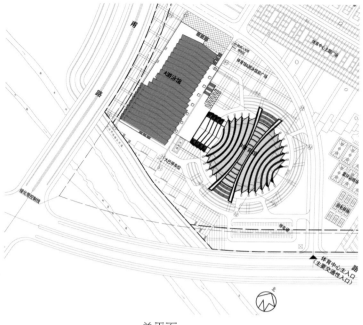

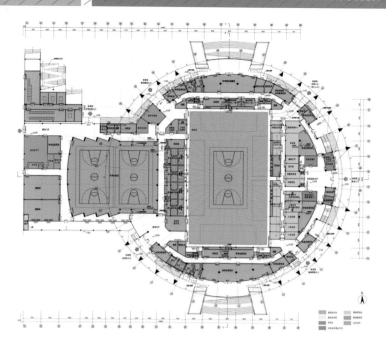

总平面

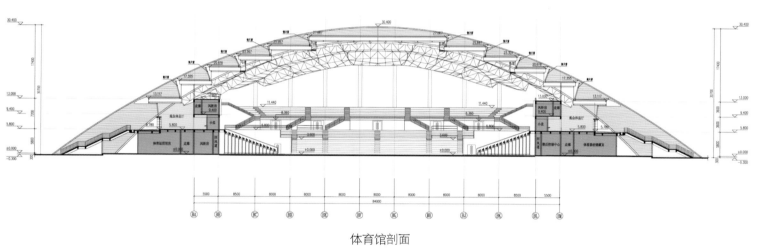

体育馆剖面

肇庆市高新区体育中心

当
代
中
国
建
筑
方
案
集
成

3

医
疗
体
育

工程档案

建筑设计：华南理工大学建筑设计研究院
项目地址：广州省肇庆市
建筑面积：54280 平方米

项目概况

　　肇庆市高新区体育中心以地景建筑的手法设计成一个整体连绵的绿洲，建筑隐没在山水之中，绿洲上设置各种运动休闲设施，成为了一个没有围墙的体育公园，解决了紧张的用地与提供公众活动场地之间的矛盾。设计方案紧扣肇庆市山水型生态宜居城市得定位，采用先进的生态建筑设计理念，融入低碳节能的建筑技术，并综合考虑社会效益与经济效益，全方位打造出高新区未来的标志性建筑，建成后必将成为高新区充满活力的绿洲。

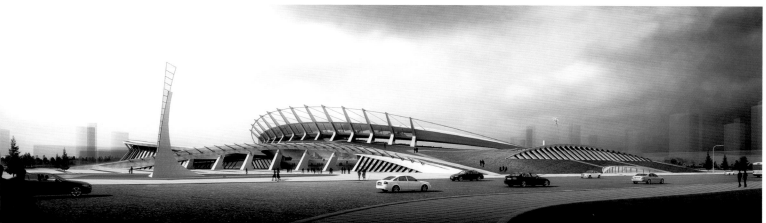

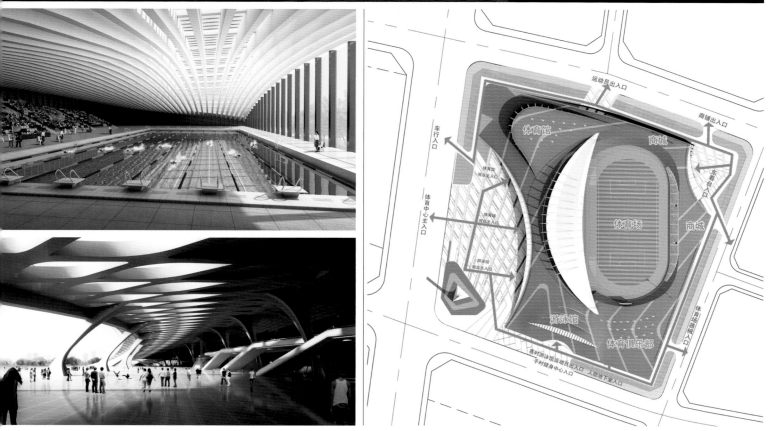

莫桑比克国家体育场

工程档案

建筑设计：中信建筑研究总院有限公司
项目地址：莫桑比克 马普托
建筑面积：42000

项目概况

　　国家体育场是莫桑比克重要的国家级体育设施和标志性建筑。设计为一座拥有41740个座位、国际标准比赛场地一块的综合性体育场。既能满足举办田径、足球赛事的要求，又兼顾训练、文化及娱乐活动、会议、商业等多功能用途。

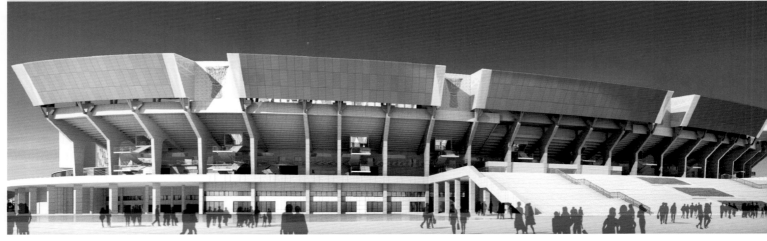

一层平面图

二层平面图

三层平面图

四层平面图

设计理念

总体构思 ——"盛世舞台"—— 国家、城市精神的象征。

体育场已经逐渐发展成为所在国家、城市的标志,是集技术与人文为一身的国家、城市精神象征。莫桑比克国家体育场对于走进 21 世纪的莫桑比克来讲是一个真正的多功能体育中心,它将成为向世人展示莫桑比克独特魅力的舞台。

地域文化层面 ——"莫桑比克皮鼓"

莫桑比克皮鼓是热情好客的莫桑比克人民接待贵客和平时歌舞中必备的重要乐器。方案以罩棚为鼓面、以看台为基座、以立柱为支架,其整体造型就犹如一个大型的莫桑比克皮鼓,成为莫桑比克独特的标志。

体育场整个地块规划充分考虑体育场、训练场地以及周边环境之间的关联,以体育场为中心,布置环形道路,并在体育场长轴(正南北方向)和短轴(正东西方向)延长线上布置向心性很强的开阔人流集散广场。突出了主体育场的中心凝聚力。围绕主体建筑布置了 2405 辆停车位的环形停车场。体育场东面为预留发展用地,可以布置田径训练场一处、足球训练场二处,同时为莫方将来修建体育馆、训练馆、游泳馆等设施留有充分的余地。

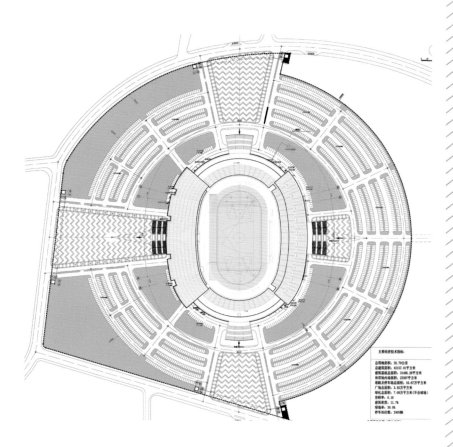

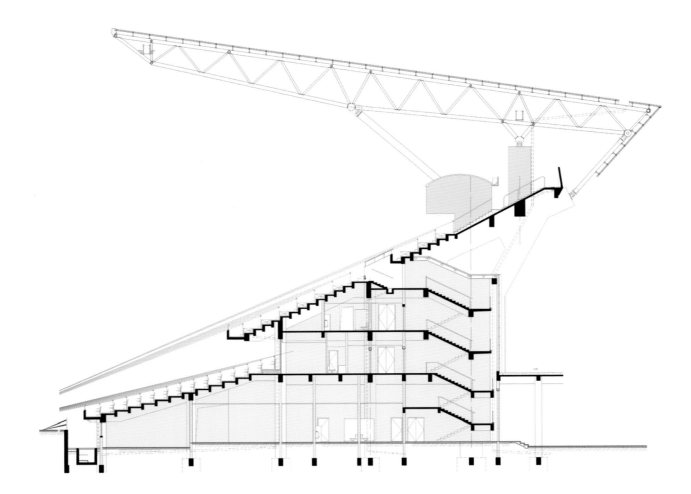

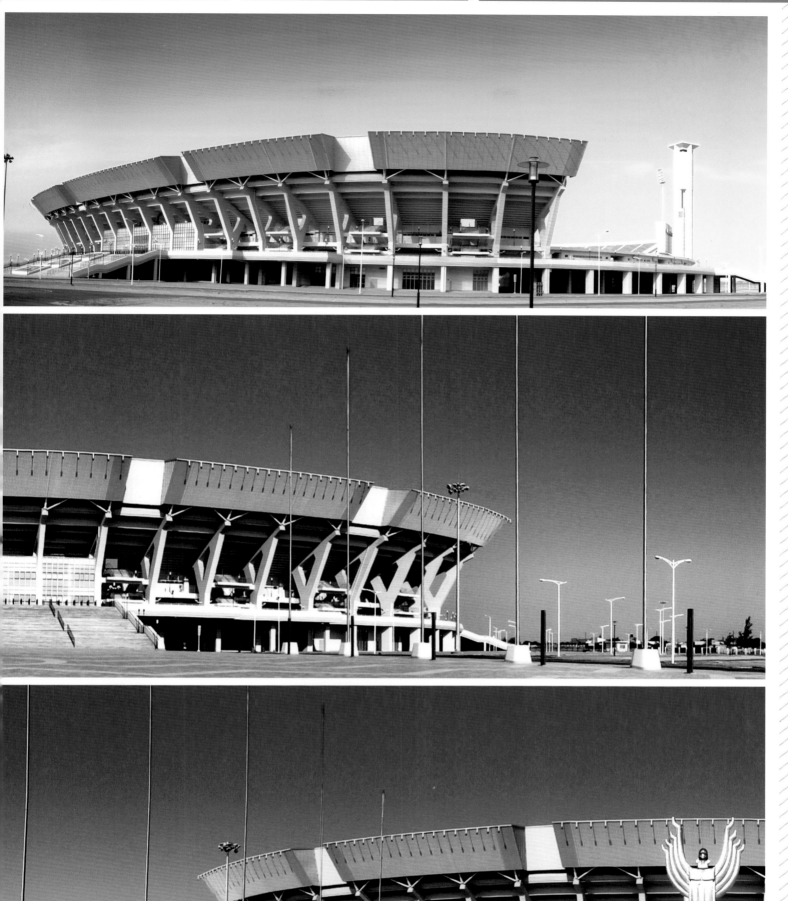

南沙体育馆

工程档案

建筑设计：华南理工大学建筑设计研究院
建设地点：广东省广州市南沙区
建筑面积：30300m²
建筑高度：29m

项目概况

　　南沙体育馆建设地点位于广州市南沙开发区黄阁镇，建成后作为 2010 年广州亚运会武术及卡巴迪比赛馆，总坐席数为 8000，其中固定坐席 6000，活动坐席 2000。南沙体育馆采用了钢筋混凝土结构及钢结构，比赛大厅主体钢结构部分采用了先进的环形张弦穹顶，主跨度达到了 98m。

　　南沙体育馆临水而建，水波浩渺、海天一色的自然景观环境令人遐想无边。在对城市、自然环境条件做出认真思索，并努力发扬建筑的场所精神基础上，我们通过多次的方案推敲和比较，结合远期建设要求进行综合考虑，完成了总图设计 -- 将体育馆布置在了临近蕉门水道的东南部，体育场、游泳中心的预留用地，则通过道路广场和园林景观的精心设计，以突出体育馆流畅的造型设计，使之成为蕉门河水道上的一道亮丽的风景线。

　　南沙体育馆的平面布局，理解和借鉴了代代木体育馆的经典平面布局手法 -- 圆形的比赛大厅，沿切线方向外延，形成两个宽敞而方向感明确的休息厅；在此基础上，在场馆的一侧安排了热身训练馆，结合二层平台，形成了适合亚洲热带气候特色的半开敞休息、活动空间。这种经典的平面形态与太极图构成极为相似，这种巧合也给了我们巧为利用 "武术" 概念的机会。设计中，我们将组成体育馆的外壳的九个曲面单元，单元间片片层叠，并分为南北两组以比赛大厅圆心为中心呈螺旋放射状展开，将单一的建筑体量一分为二，并以一种富有动感的方式将两者紧密联系，运用近似太极图的构成方式，因与中华武术的至高境界 -- "阴阳俱合，天人合一"。此外，结合广东地区独特的地域文化 -- 海洋文化的特征，我们又借鉴了富有肌理变化的"海螺"外壳作为造型设计的意向，通过屋面金属屋面的片片层叠处理及颜色深浅的变化，力求创造出一种蕴含了地域文化特征的建筑形态。

　　南沙体育馆在赛后将作为南沙城市中心区重要文体活动中心，为南沙区举办体育比赛、艺术表演和大型机会等活动提供一个极佳的场所。因此，在功能分区、流线组织合理的前提下，以多功能性来适应赛时赛后不同需求的变化，也成为了我们在本项目功能设计中的重要出发点。在南沙体育馆多功能的设计中，我们针对不同性质的功能空间，采取的不同处理手法。比赛场地我们选择了 40 米 x40 米的尺寸，同时利用活动看台组合变化来适应各种比赛对于场地的不同要求，力求达到场地适应性的最大变化。

192

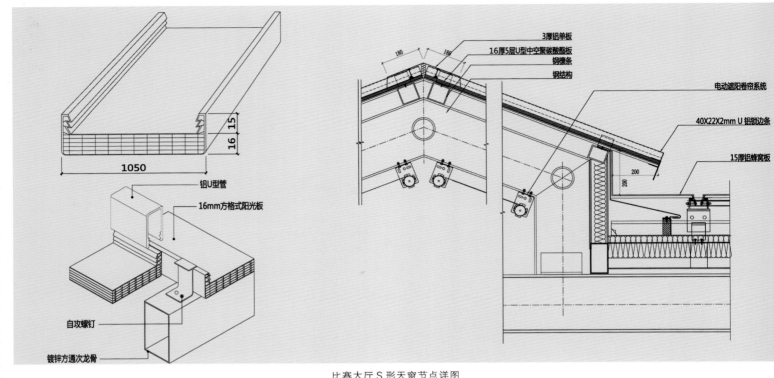

3厚铝单板
16厚5层U型中空聚碳酸酯板
钢檩条
钢结构
电动遮阳卷帘系统
40X22X2mm U 铝锁边条
15厚铝蜂窝板
铝U型管
16mm方格式阳光板
自攻螺钉
镀锌方通次龙骨

比赛大厅S形天窗节点详图

S形天窗
比赛大厅

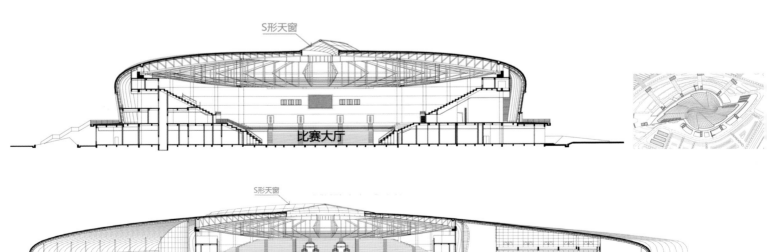

S形天窗
比赛大厅
热身馆

天窗遮阳卷帘关闭状态

天窗遮阳卷帘开启状态

195

靖江市体育中心

当代中国建筑方案集成 3 医疗体育

工程档案

建筑设计：东南大学建筑设计研究院有限公司
建设地点：江苏省靖江市
建筑面积：96200m²

项目概况

　　体育中心位于靖江市滨江新城，处于江阴大桥进入靖江的门户位置。从高处俯瞰靖江，纵横交错的水系与农田灌溉系统构成了一幅绝无仅有的独特的大地景观。在设计中，我们以此为切入点，将靖江独特的地貌肌理作为设计的基本要素，用建筑地形学的操作方法来规划场地和设计建筑，以此来回应场地所独具有的场所精神，很好的体现出靖江独有的地域特征。

　　体育馆与游泳馆利用屋面的链接形成极具张力的几何形体量，与椭圆形的体育场一起构成场地内的标志性建筑，立面主要采用钛锌金属板、金属穿孔板、玻璃幕墙等材料，利用体块穿插的手法消减了巨大体量带来的压抑感。精心设计的细部节点突显了建筑的精致典雅。

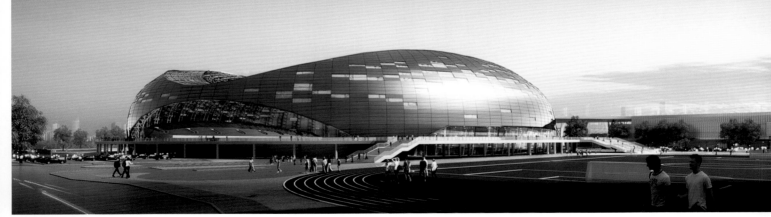

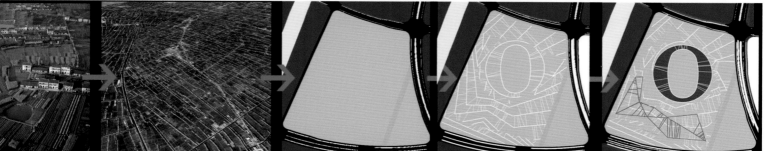

现状　　　　　　提炼　　　　　　形式生成

平台人眼透视　　　　　　南侧平台入口鸟瞰图

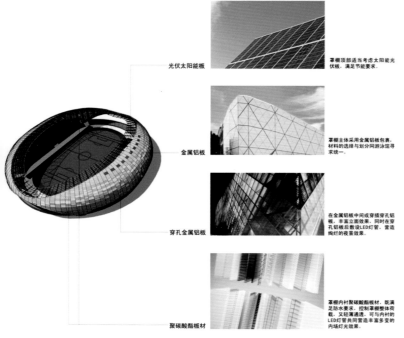

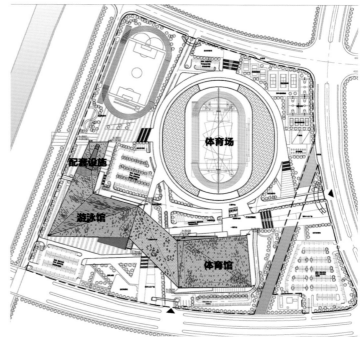

通州市体育中心

工程档案

建筑设计：浙江大学建筑设计研究院
建设地点：通州市
建筑面积：79041㎡

项目概况

　　项目总用地 256 亩，包括一个 15000 座体育场、一个 5987 座体育馆，和一个全民健身中心。要求满足省运会和全国单项比赛。

　　项目设计主旨：
充分满足体育比赛竞赛功能；深度满足全民健身实际需求；
合理营造区域商业城市活力；着力塑造城市发展崭新标志；
以体育中心的影响力提升城市区域的活力；
利用体育中心的聚焦力营造特色商业氛围。

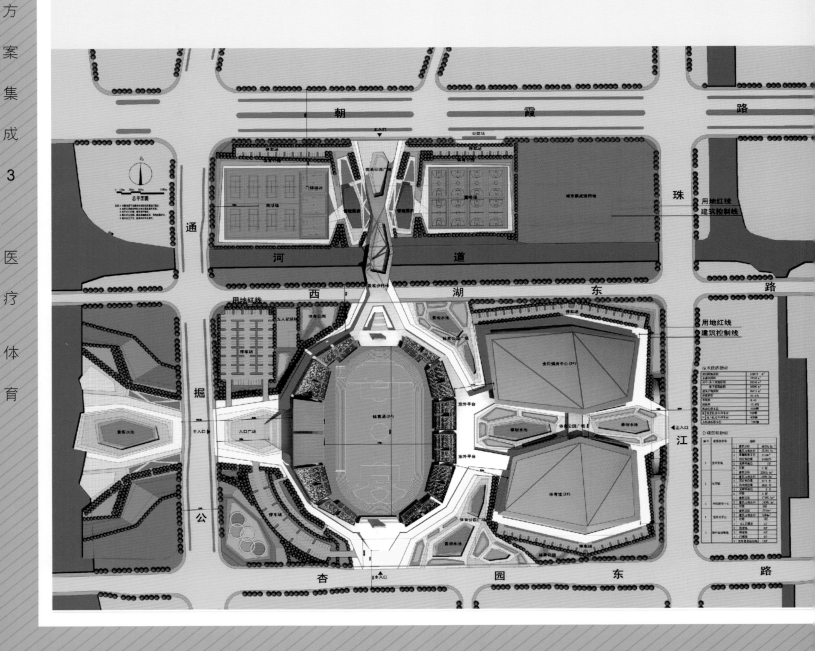

体育场透视图

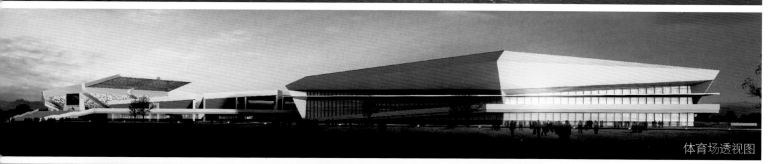

体育场透视图

沿通州路透视图

沿珠江路透视图

梅县体育中心

工程档案

建筑设计：华南理工建筑设计研究院
项目地址：广东省梅县
建筑面积：135594m²
结构形式：钢筋混凝土

项目概况

　　为打造"世界客都"的城市形象，提升梅县的城市文化品质，梅县县政府与2009年始兴建梅县文体中心和体育场，项目于2012年初竣工。梅县体育中心位于梅县梅花山下，人民广场旁，项目建成后与梅花山、人民广场一起成为梅县市民休闲活动的中心场所。

　　梅县体育馆（后更名"曾宪梓体育场"）建设规模2万人，功能以满足"足球之乡"的梅县举办足球。

　　比赛为主要要求，看台设置依山而建，以融入自然山体的手法，最大限度减少建设项目对原有山体的影响，确保城市与梅花山体之间的视线联系。体育场的外墙采用兼顾乡土和现代气息的石笼墙，石笼墙石块取自当地石材，突出了融入自然山体的主题。

　　梅县文体中心位于体育场与城市道路之间，拥有一个7000人的多功能比赛厅和训练热身管，可举办体育比赛，文艺汇演以及会展活动。各类人流出入口分布于一、二层。由于基地位于山体和城市道路之间的距离并不富裕，但同时要容纳体育场和文体中心两个公共建筑，按常规的布局和流线安排容易造成集散广场面积不足、散场时集中人流对基地和城市形成交通压力过大的问题。方案将大量观众的出入口布置面向山体的一面，这样一方面可以利用地形高差，将观众人流通过坡道自然带到二层平台，并适当延长了观众散场时的流线长度，保证人员疏散安全的同时减缓了散场时集中人流对城市的交通压力。

　　梅县文体中心建筑平面形式为圆形，坐席按不对称方式布置，以利于未来举办演出和会议的举行，提高场馆空间利用率。训练馆和比赛厅使用可分可合，体育比赛，通过活动分隔，训练区和比赛厅分为两个区域；文艺演出时，训练馆可作为演出的舞台或后台；举办会展活动，两个空间区域可合二为一。结构设计和设备系统均考虑到建筑的多功能使用需求，以灵活使用为原则，考虑到未来演出和各类活动的需要，预留结构荷载裕度。考虑未来举办更高级别体育比赛的可能，电力照明系统充分考虑了可扩展性和可更新性。

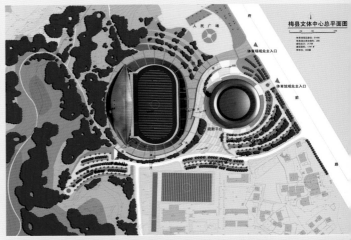

　　结合当地经济发展水平和造价情况，采用适宜技术最大限度实现建筑自身的节能降耗，屋盖设置环形天窗，可视为比赛厅和热身管提供自然采光；天窗上设置自动开启窗扇，满足平时自然通风的要求。

　　建筑屋顶直径长达112m，使人联想到客家传统围龙屋。文体中心的外墙采用竖向排列陶土棍，并选用接近客家传统民居墙体颜色的土黄作为主题基调，通过疏密有致的排列，形成独特、具有客家文化气息的外立面效果，同时满足了文体中心内部用房的采光和遮阳效果。

　　梅县体育场及文体中心的建成，翻开了梅县人民的文体教育事业建设的新篇章，不仅为梅县人民提供了重要的文化、体育活动的场所，也为素有"文化之乡"、"华侨之乡"、"足球之乡"美誉的梅县又增添了一道靓丽的风景。

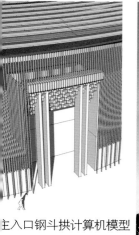

主入口钢斗拱计算机模型

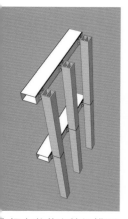

陶棍安装节点算机模型

西部二层观众入口

东部主入口

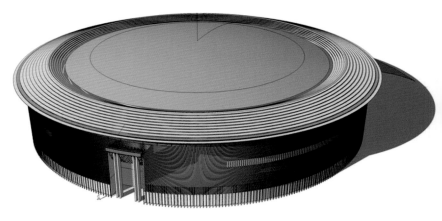

工作模型

计算机模型

哈尔滨国际会展体育中心

工程档案

建筑设计：哈尔滨工业大学建筑设计研究院
项目地址：哈尔滨

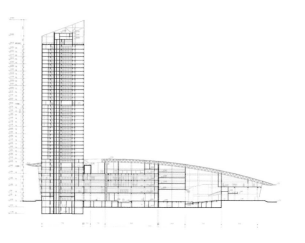

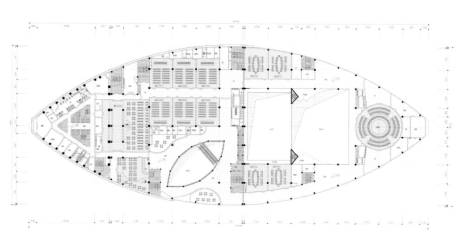

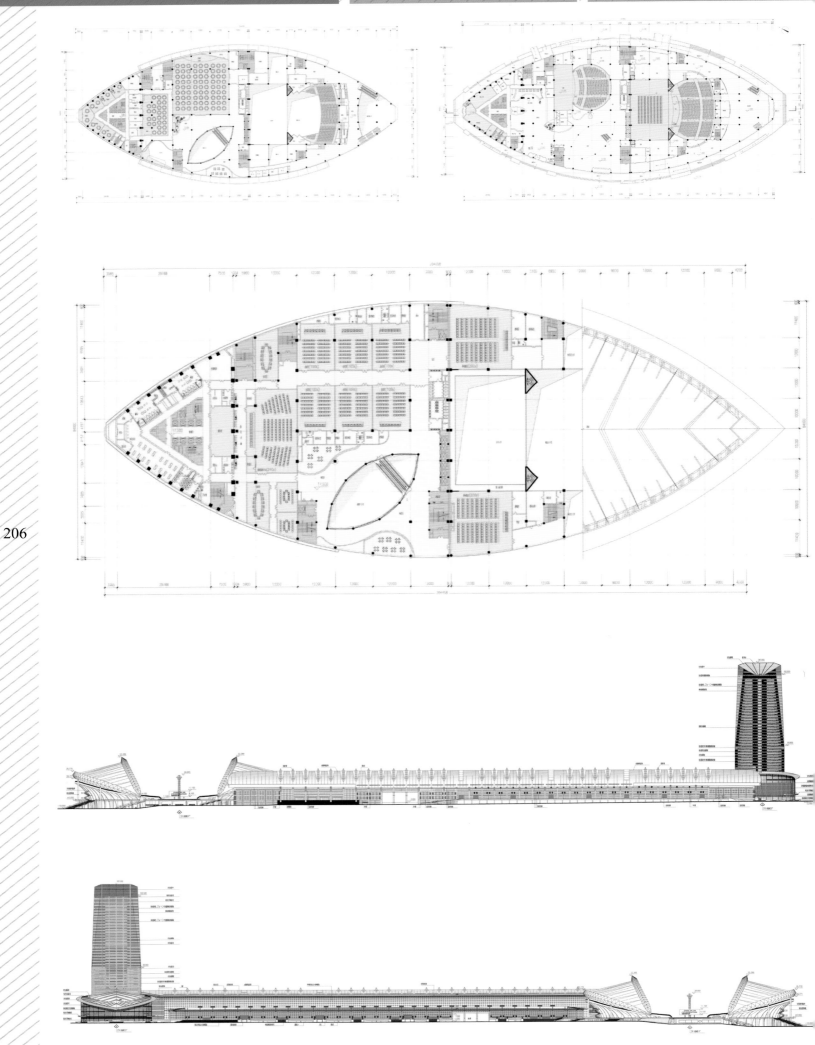

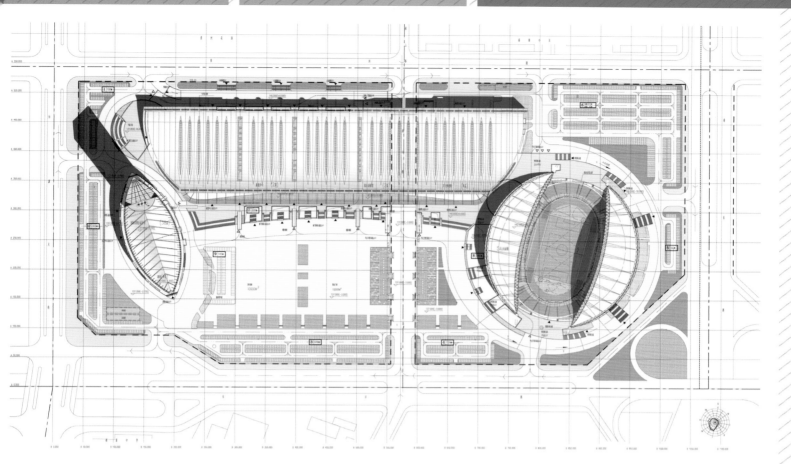

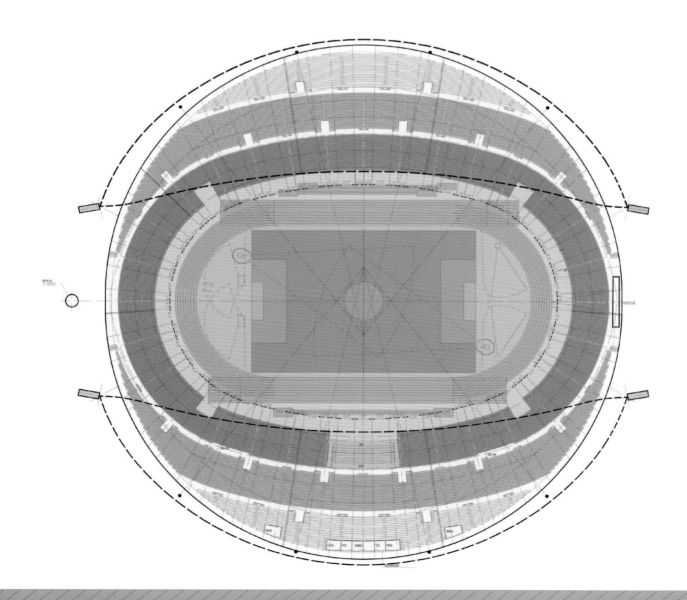

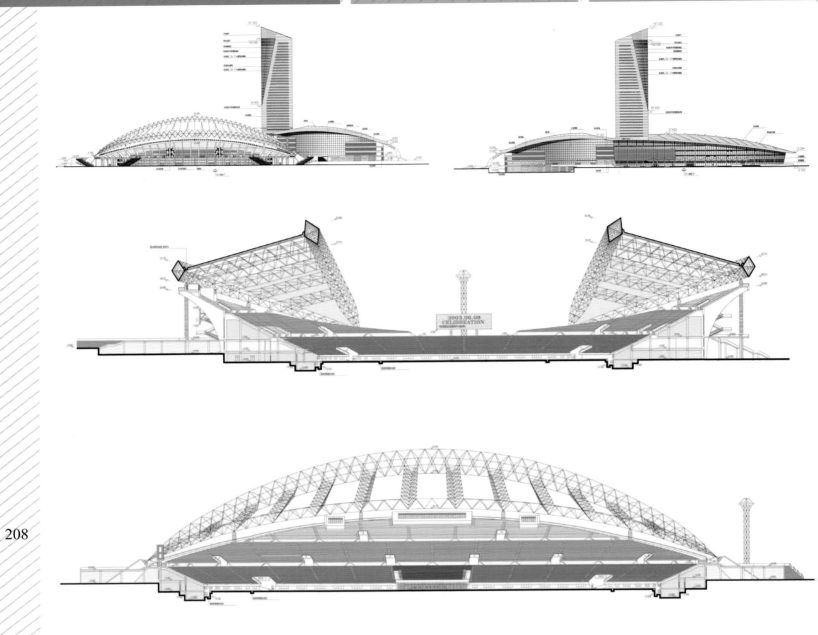

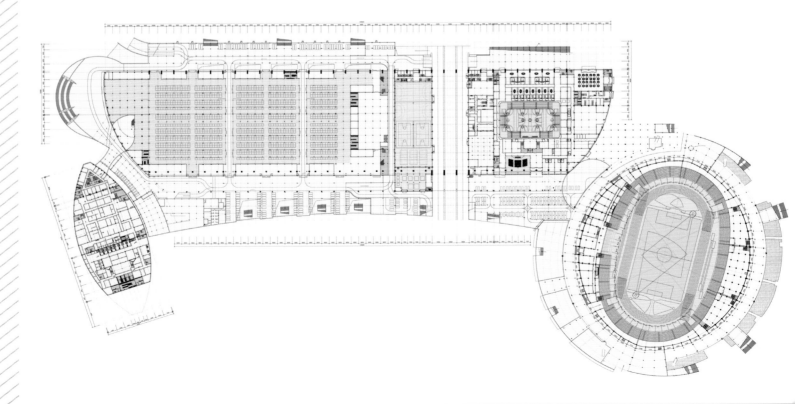

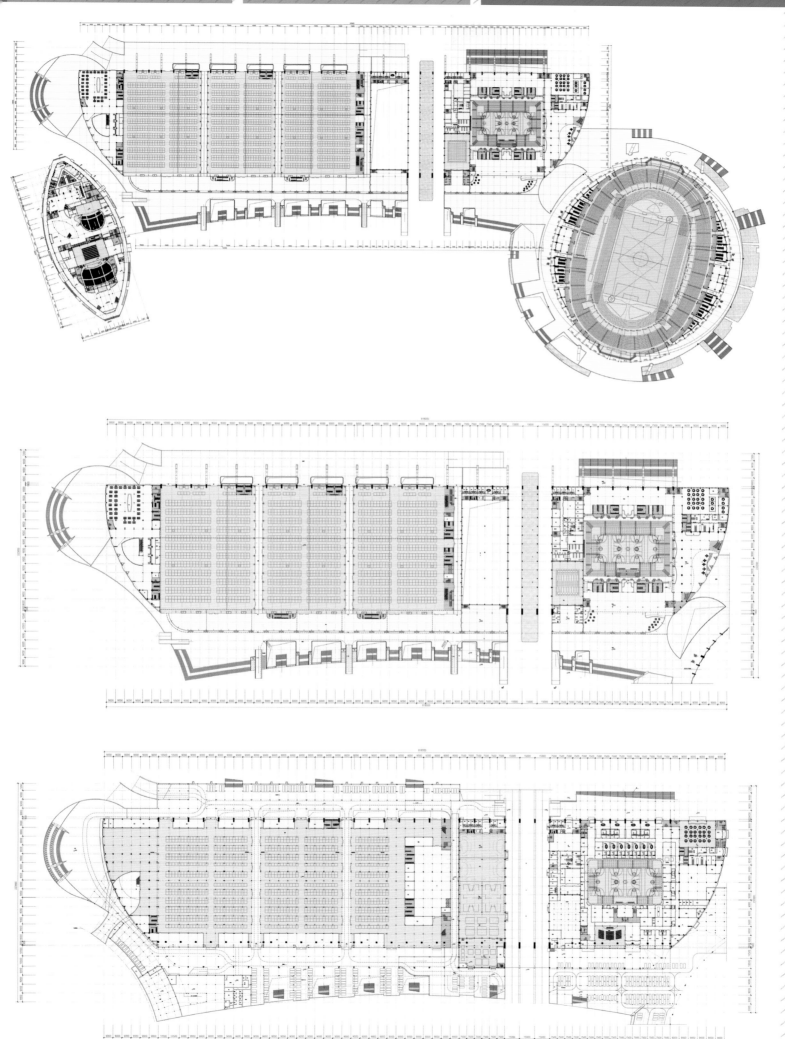

大连市体育中心运动员训练基地

工程档案

建筑设计：哈尔滨工业大学建筑设计研究院
项目地址：辽宁省大连市

213

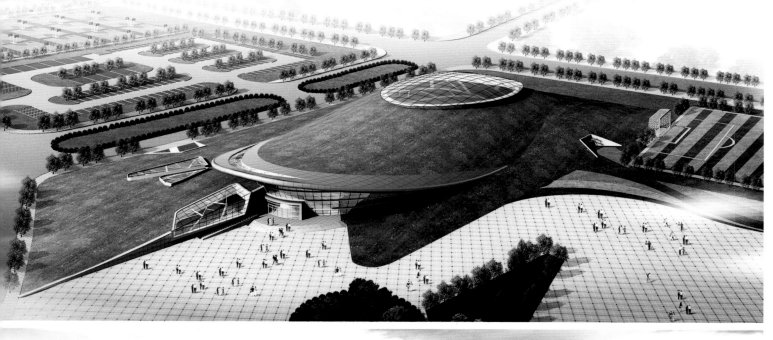

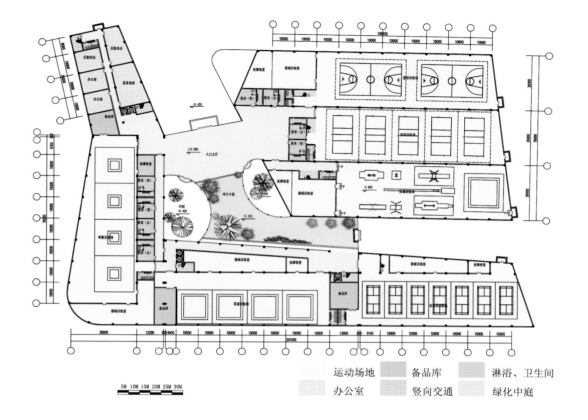

运动场地　　备品库　　淋浴、卫生间
办公室　　竖向交通　　绿化中庭

5M 10M 15M 20M 25M 30M

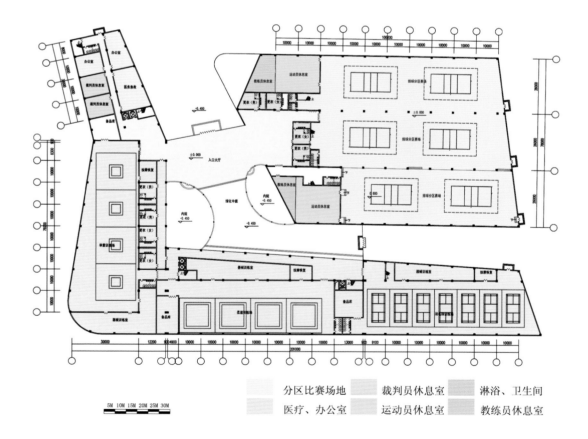

分区比赛场地　　裁判员休息室　　淋浴、卫生间
医疗、办公室　　运动员休息室　　教练员休息室

5M 10M 15M 20M 25M 30M

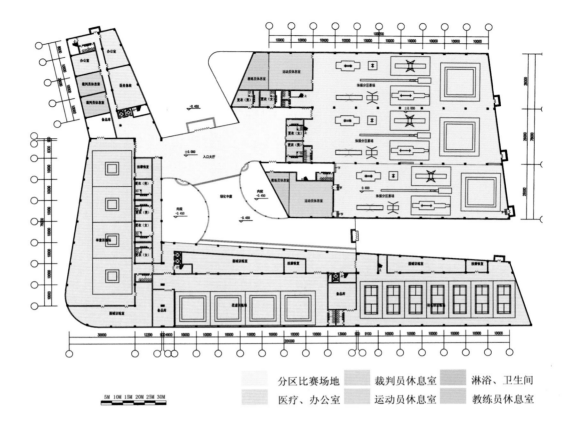

分区比赛场地　　裁判员休息室　　淋浴、卫生间
医疗、办公室　　运动员休息室　　教练员休息室

5M 10M 15M 20M 25M 30M

216

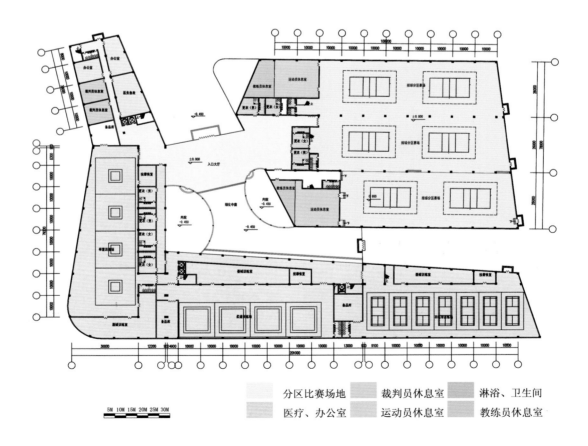

分区比赛场地　　裁判员休息室　　淋浴、卫生间
医疗、办公室　　运动员休息室　　教练员休息室

5M 10M 15M 20M 25M 30M

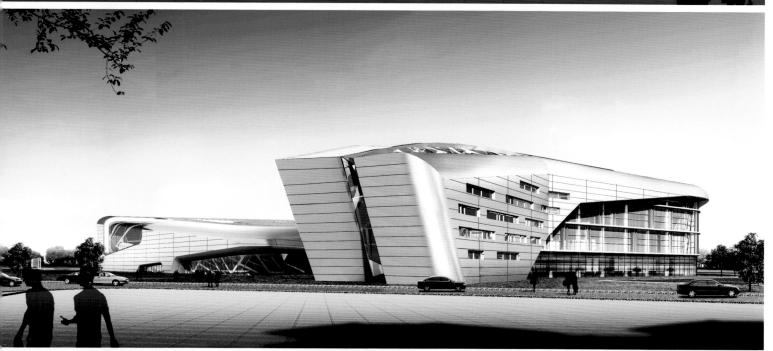

平谷体育中心

工程档案

建筑设计：清华大学建筑设计研究院有限公司
项目地址：北京市平谷区

当代中国建筑方案集成 3 医疗体育

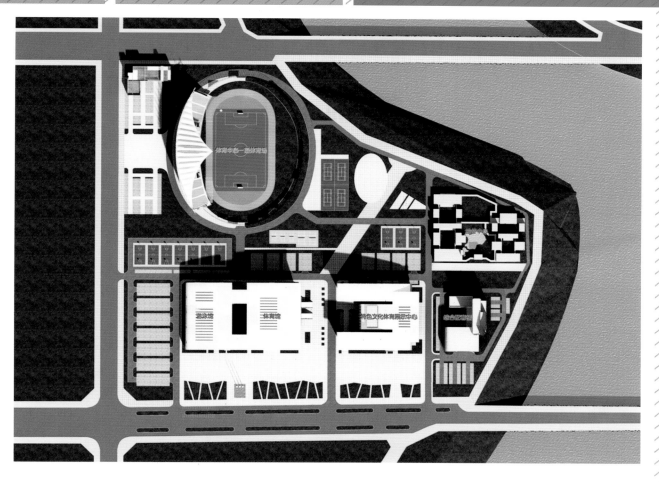

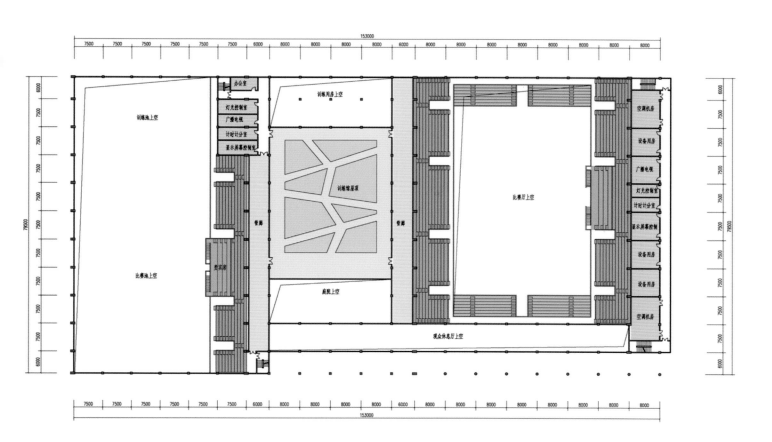

三层平面

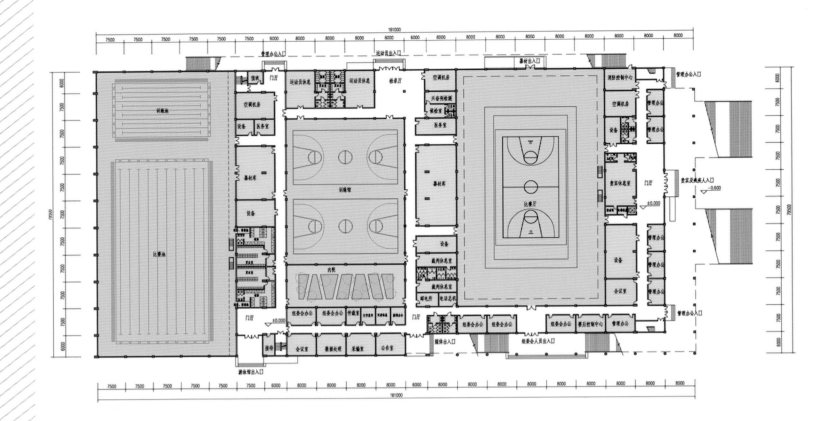

一层平面

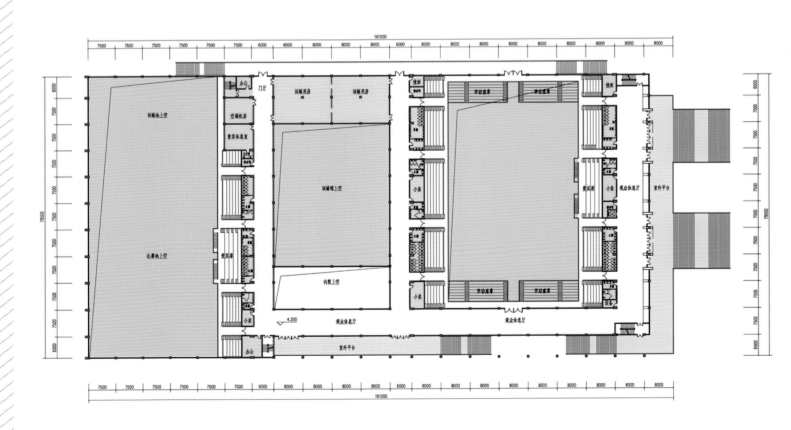

二层平面

重庆奥体

工程档案

建筑设计：清华大学建筑设计研究院有限公司
项目地址：重庆市

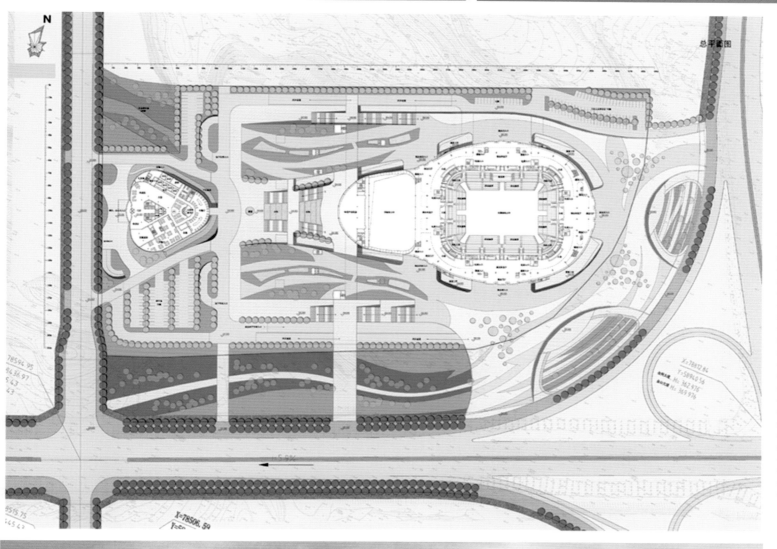

武钢职工体育中心

工程档案

建筑设计：清华大学建筑设计研究院有限公司
项目地址：湖北省武汉市

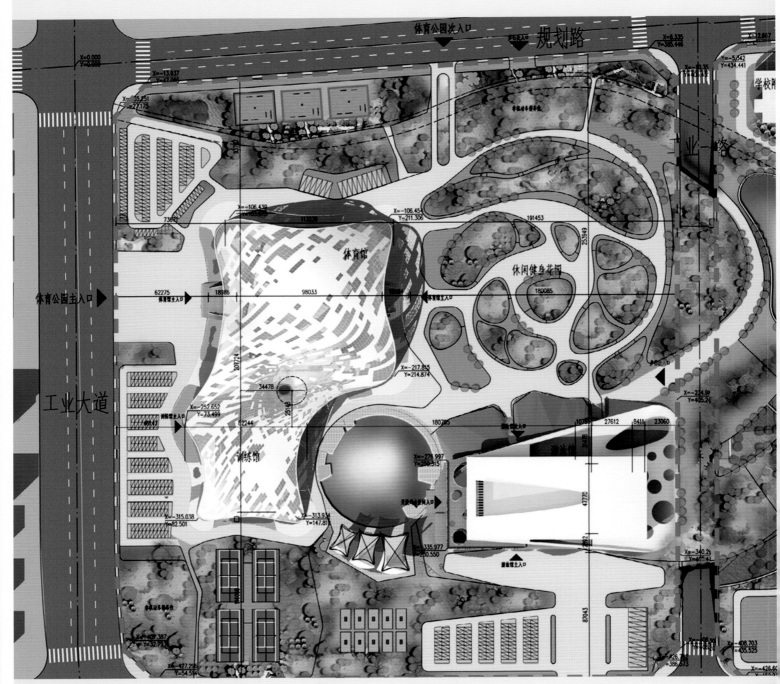

总平面图

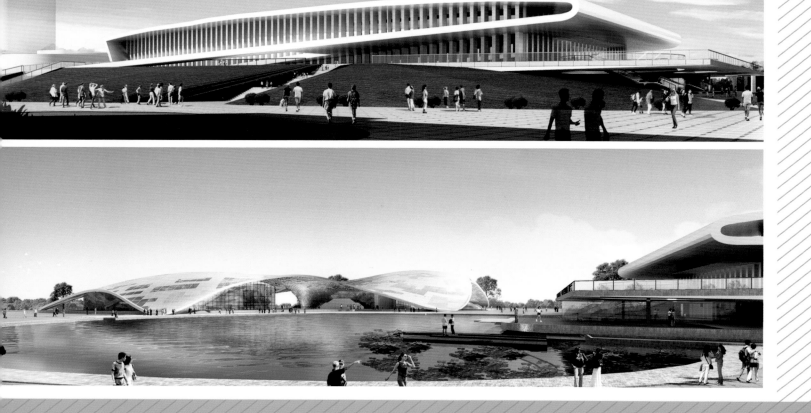

常平体育馆

工程档案

建筑设计：华南理工大学建筑学院
项目地址：广东省东莞市常平镇
建筑面积：18900m²

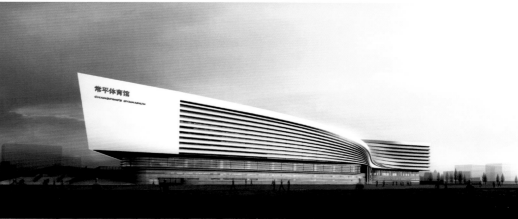

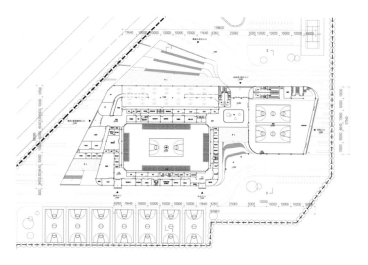

一层平面图

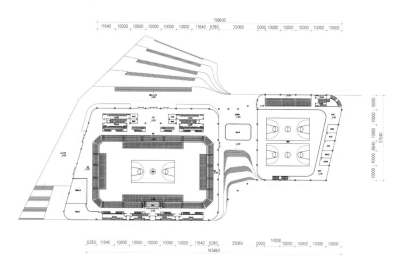

二层平面图

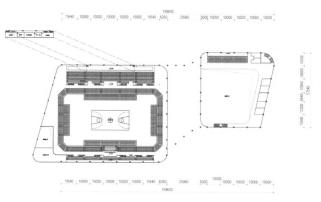

三层平面图

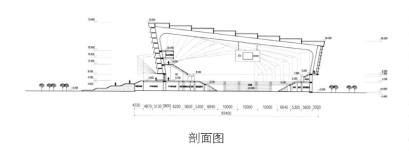

剖面图

229

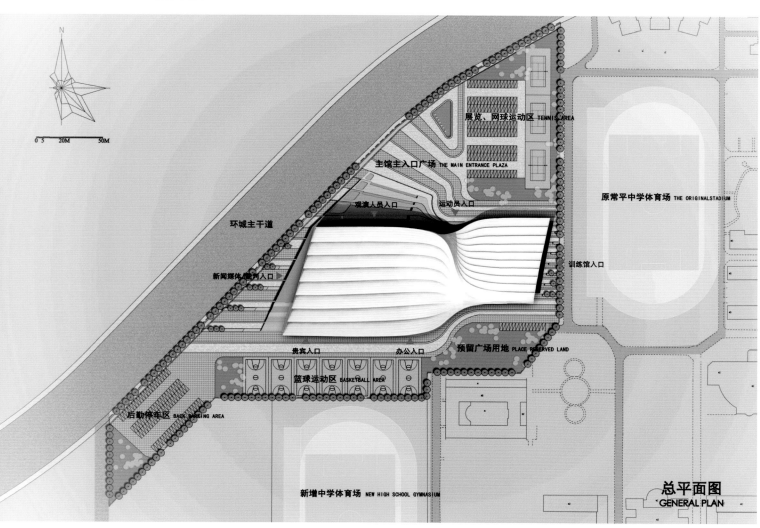

总平面图
GENERAL PLAN

广东药学院多功能体育馆

当代中国建筑方案集成 3 医疗体育

工程档案

建筑设计：华南理工大学建筑学院
建设地点：广东省广州市大学城
建筑面积：14488m²

项目概况

　　设计立足环境，实现建筑与城市空间、景观的有机结合。体育馆东西向出檐形成北高南低富于韵律的折线，展示出富于活力的建筑性格。东西界面垂直遮阳板线条流畅、挺拔，构成简约的美感。

　　体育馆形态与自然通风、采光、隔热等技术有机协同，实现夏季的有效降温。

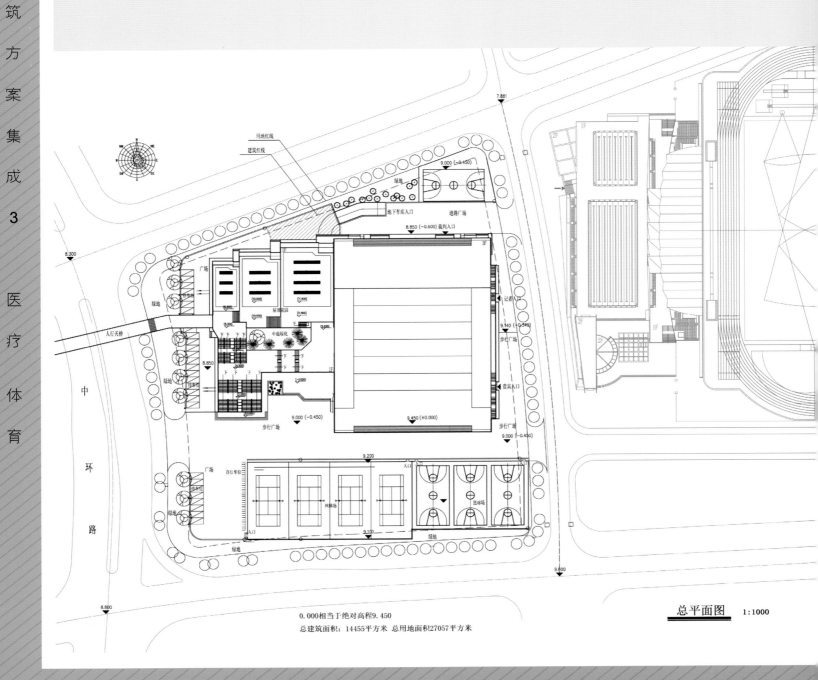

0.000相当于绝对高程9.450
总建筑面积：14455平方米　总用地面积27057平方米

总平面图　　1：1000

分析示意图	说明	深入研究

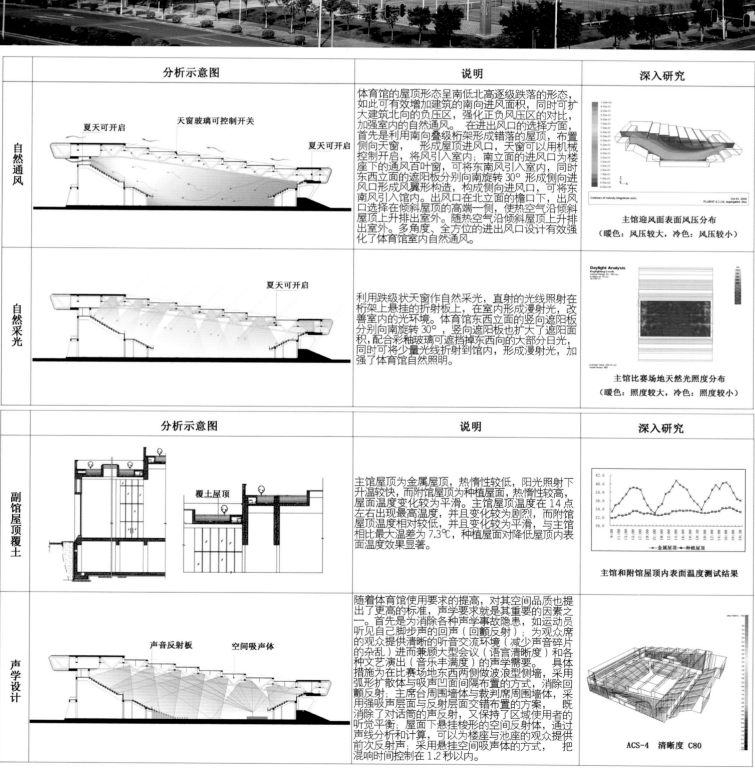

自然通风

体育馆的屋顶形态呈南低北高逐级跌落的形态，如此可有效增加建筑的南向进风面积，同时可扩大建筑北向的负压区，强化正负风压区的对比，加强室内的自然通风。在进出风口的选择方面，首先是利用南向叠级桁架形成错落的屋顶，布置侧向天窗，形成屋顶进风口，天窗可以用机械控制开启，将风引入室内；南立面的进风口为楼座下的通风百叶窗，可将东南风引入室内，同时东西立面的遮阳板分别向南旋转30°形成侧向进风口形成风翼形构造，构成侧向进风口，可将东南风引入馆内。出风口在北立面的檐口下，出风口选择在倾斜屋顶的高端一侧，使热空气沿倾斜屋顶上升排出室外。随热空气沿倾斜屋顶上升排出室外。多角度、全方位的进出风口设计有效强化了体育馆室内自然通风。

主馆迎风面表面风压分布
（暖色：风压较大，冷色：风压较小）

自然采光

利用跌级状天窗作自然采光，直射的光线照射在桁架上悬挂的折射板上，在室内形成漫射光，改善室内的光环境。体育馆东西立面的竖向遮阳板分别向南旋转30°，竖向遮阳板也扩大了遮阳面积，配合彩釉玻璃可遮挡掉东西向的大部分日光，同时可将少量光线折射到馆内，形成漫射光，加强了体育馆自然照明。

主馆比赛场地天然光照度分布
（暖色：照度较大，冷色：照度较小）

分析示意图	说明	深入研究

副馆屋顶覆土

覆土屋顶

主馆屋顶为金属屋顶，热惰性较低，阳光照射下升温较快，而附馆屋顶为种植屋面，热惰性较高，屋面温度变化较为平滑。主馆屋顶温度在14点左右出现最高温度，并且变化较为剧烈，而附馆屋顶温度相对较低，并且变化较为平滑，与主馆相比最大温差为7.3℃，种植屋面对降低屋顶内表面温度效果显著。

主馆和附馆屋顶内表面温度测试结果

声学设计

声音反射板　空间吸声体

随着体育馆使用要求的提高，对其空间品质也提出了更高的标准，声学要求就是其重要的因素之一。首先是为消除各种声学事故隐患，如运动员听见自己脚步声的回声（回颤反射）；为观众席的观众提供清晰的听音交流环境（减少声音碎片的杂乱）进而兼顾大型会议（语言清晰度）和各种文艺演出（音乐丰满度）的声学需要。具体措施为在比赛场地东西两侧做波浪型侧墙，采用弧形扩散面与吸声凹面间隔布置的方式，消除回颤反射；主席台周围墙体与裁判席周围墙体，采用强吸声层面与反射层面交错布置的方案，既消除了对话筒的声反射，又保持了区域使用者的听觉平衡；屋面下悬挂棱形的空间反射体，通过声线分析和计算，可以为楼座与池座的观众提供前次反射声；采用悬挂空间吸声体的方式，把混响时间控制在1.2秒以内。

ACS-4　清晰度 C80

231

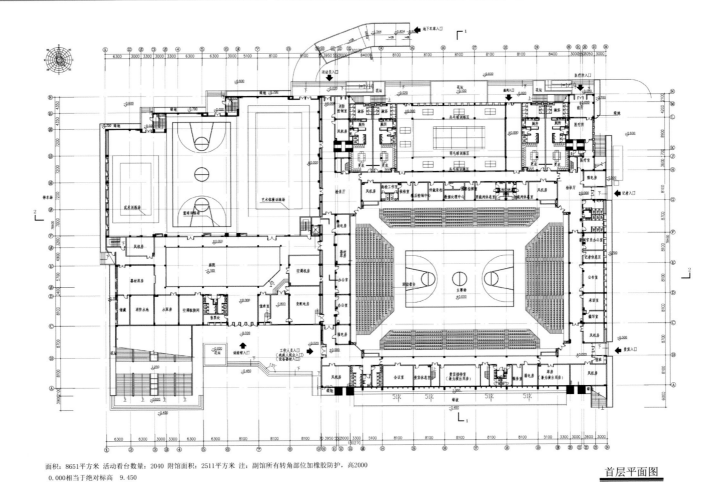

面积：8651平方米 活动看台数量：2040 附馆面积：2511平方米 注：副馆所有转角部位加橡胶防护，高2000
0.000相当于绝对标高 9.450

首层平面图

232

面积：2369平方米
池座座位总数：1168（残疾人座位数：6）
主席台座位数：65（残疾人座位数：2）

二层平面图

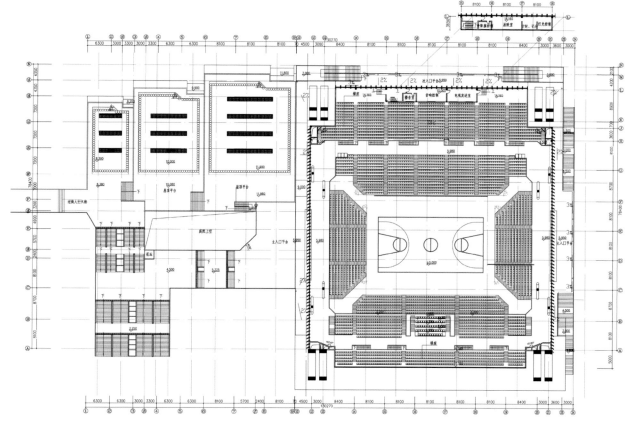

面积：1277平方米　楼座座位总数：1668

三层平面图

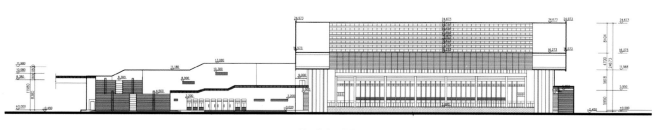

①-22立面图

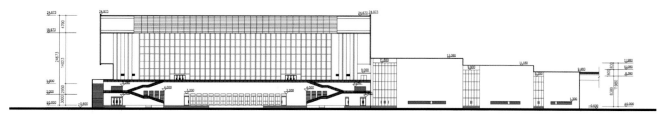

22-①立面图

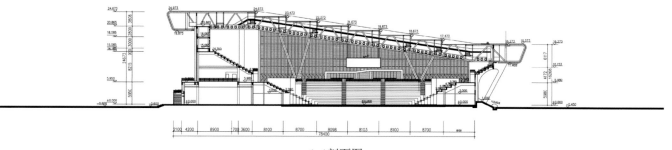

1-1剖面图

2-2剖面图

南京理工大学体育中心

工程档案

建筑设计：华南理工大学建筑学院
项目地址：江苏省南京市
建筑面积：21144m²

项目概况

富于渐变韵律的折板，汇聚为现代简约的体育馆形态。整体造型庄重而不失动感，体量方正充满力量。简洁、雅致的形态与色彩使体育中心与校园精神相融合。

结合当地气候，融入自然通风、自然采光等被动技术。

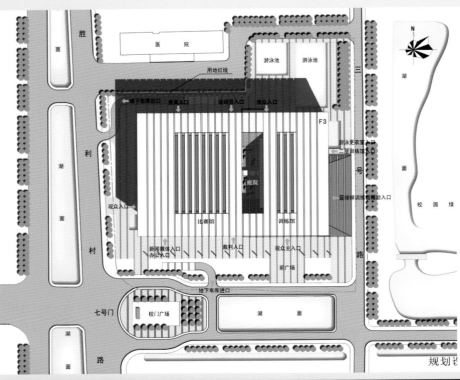

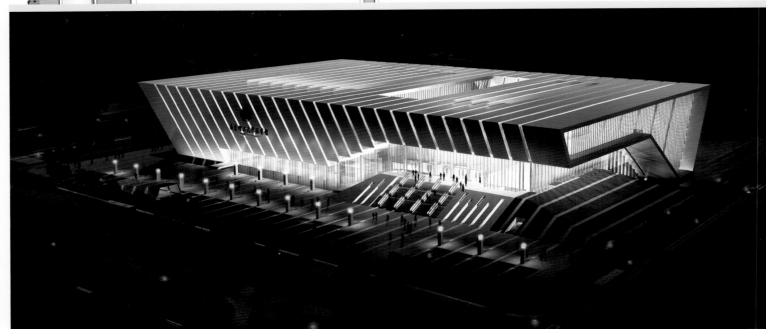

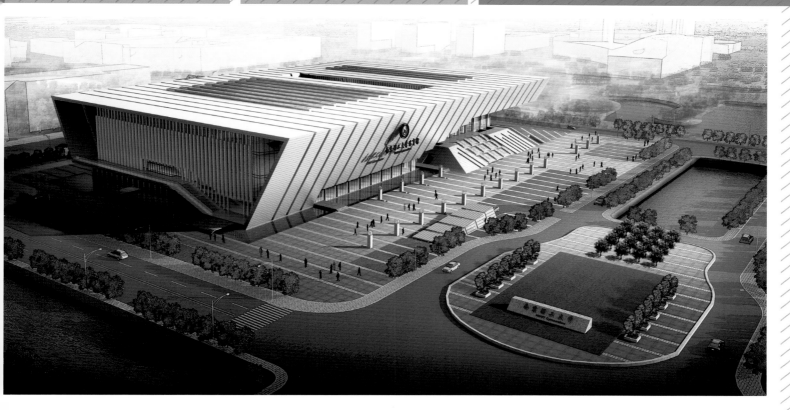

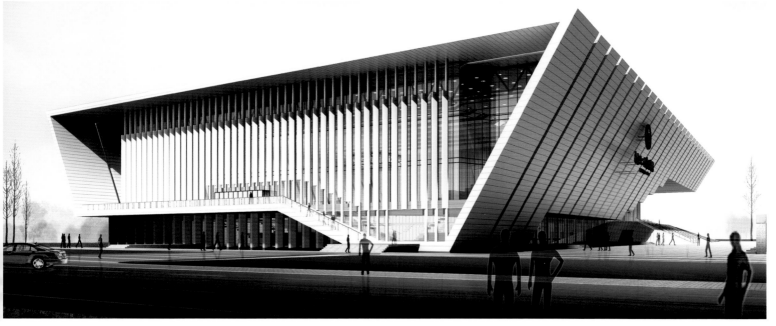

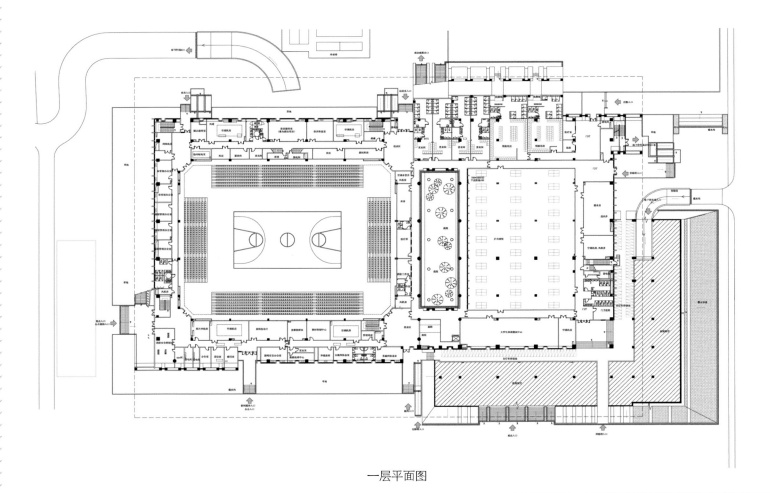

一层平面图

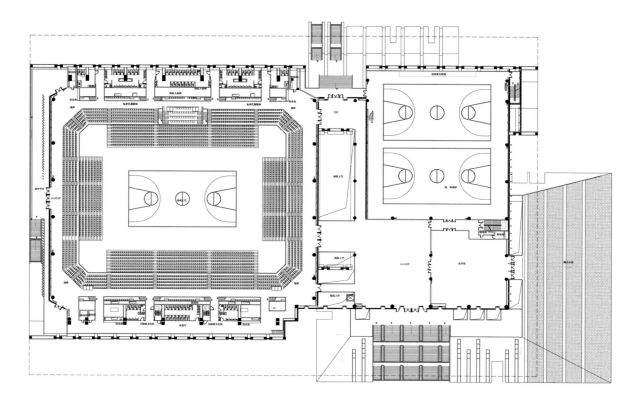

二层平面图

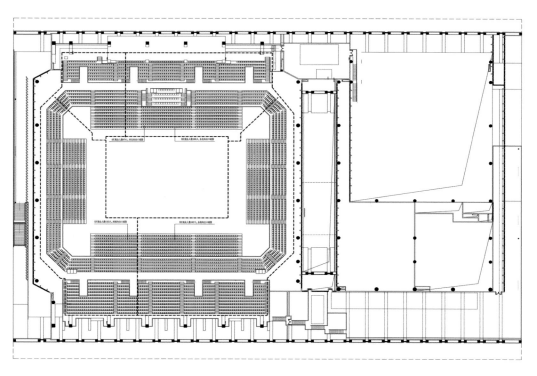

三层平面图

重庆理工大学体育馆

工程档案

建筑设计：华南理工大学建筑学院
项目地址：重庆市
建筑面积：12560m²

项目概况

    设计立足于山城环境，建筑体量随山就势，出挑深远的屋檐与智能化电动控制的机械遮阳板可以将山地风有效引入室内，实现了夏季室内运动空间完全自然调节的目标。创造了适宜的运动环境，节约了能源。

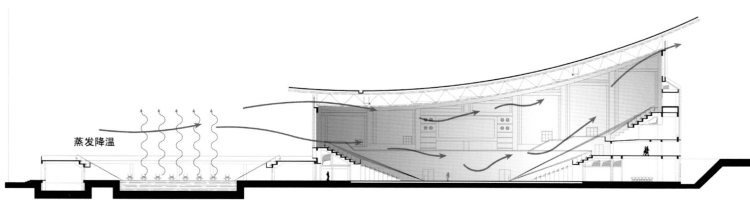

蒸发降温

通风分析图

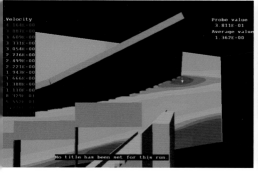

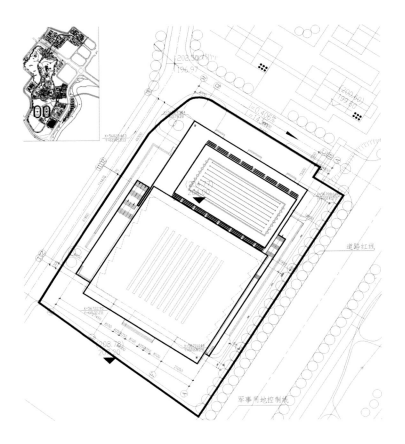

总平面图

242

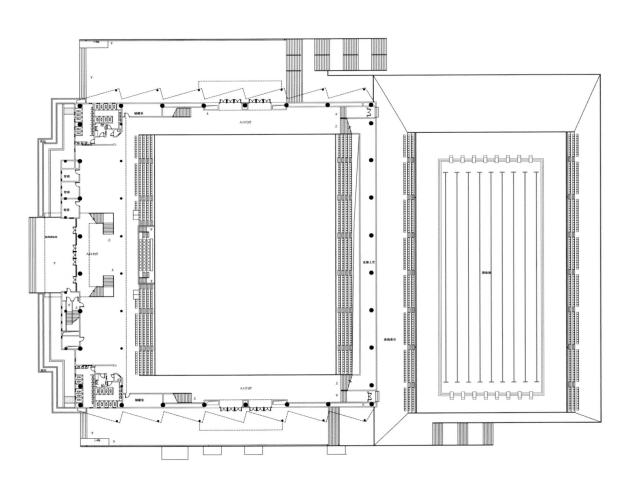

一层平面图

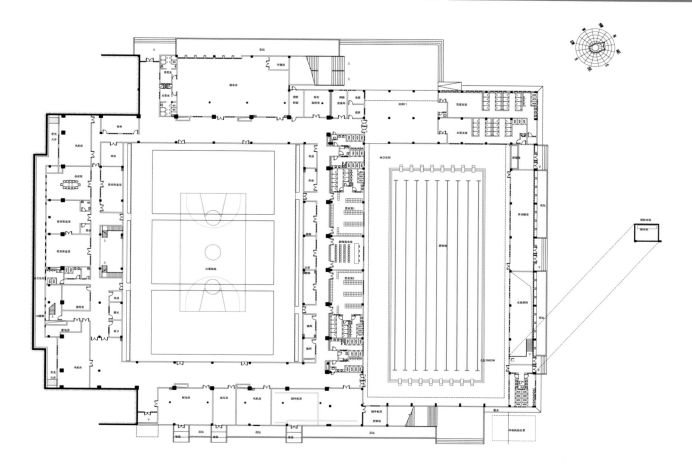

二层平面图

243

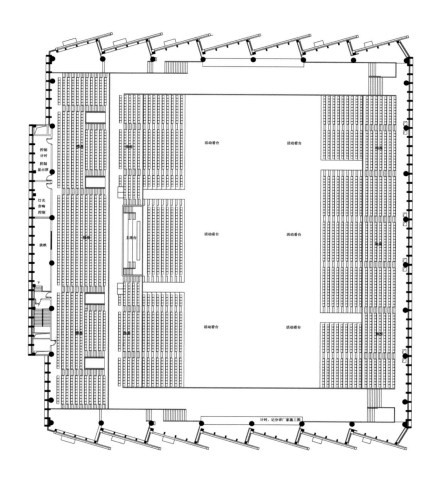

三层平面图

杭州奥体博览城

工程档案

建筑设计：中建国际（深圳）设计顾问有限公司
项目地址：浙江省杭州市
建筑面积：270hm²

项目概况

　　杭州奥体和国际博览城选址于钱塘江南岸，滨江区与萧山区交界处。历史沿革下来的阡陌纵情的城市肌理以及基地周边规划的方格网状道路，赋予了基地一种鲜明的场所特征。采用一种平滑柔和的道路体系来修复纹理。奥体中心与博览中心位于城市新 CBD 区，奥体和博览中心整体呈现出一种有机生长的秩序和美感。

建设规模：80000 座主体育场 　　　　15600 座网球中心
　　　　　24 万 m² 商业及车库 　　　　18000 座主体育馆
　　　　　6000 座游泳馆 　　　　　　80hm² 国际博览中心

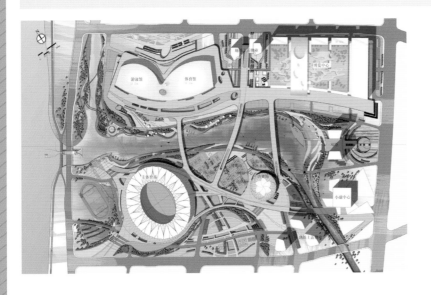

五棵松奥林匹克篮球馆

当代中国建筑方案集成 3 医疗体育

工程档案

建筑设计：北京市建筑设计研究院

项目地址：北京市五棵松

项目概况

建筑设计：北京市建筑设计研究院

五棵松奥林匹克篮球馆位于北京市区西部，复兴路与西四环路交汇处附近，建筑体型为 130m×130m×37.6m 的方型体量。

其外立面由一块块铝合金板围合而成。在篮球馆外立面的顶部，参差不齐的金色铝条板经过正面拼贴形成了大面积的仿木纹肌理，内侧紧挨着金色铝板的一层是 Low-E 玻璃幕墙体系。Low-E 玻璃表面采用了中国科学院自主开发的纳米易洁镀膜。为减少太阳辐射对建筑物内部的影响，在外挑玻璃肋和幕墙的第二面上进行了彩釉处理。同时在幕墙的第三面增加了一层低辐射镀膜，可以有效地控制冬天室内热量向外辐射。通过纳米材料镀膜、彩釉、中空、低辐射镀膜等多道立体设防，使篮球馆的外墙性能得到较大改善。

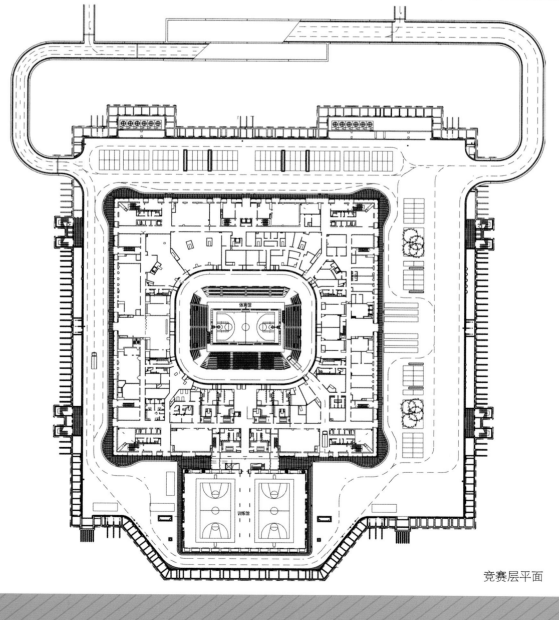

竞赛层平面

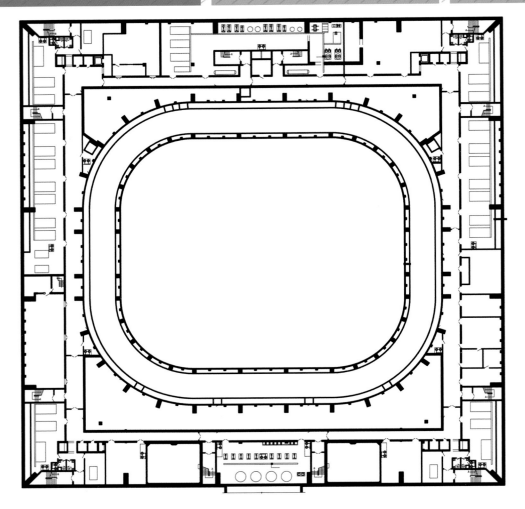

地下一层平面

248

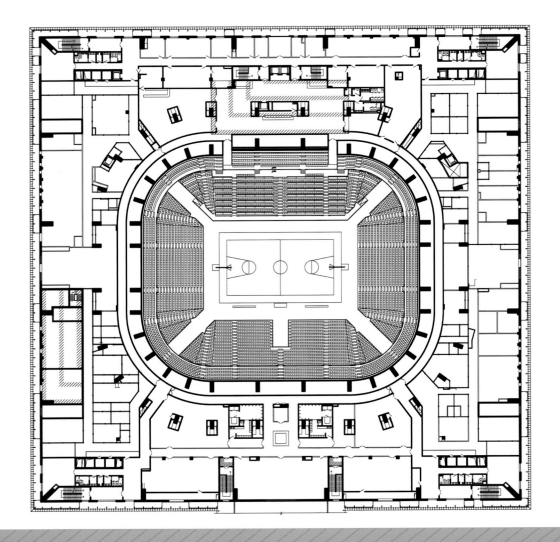

夹层平面

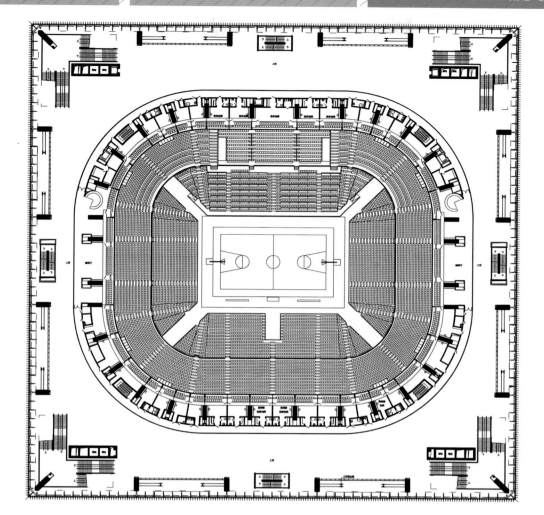

二层平面

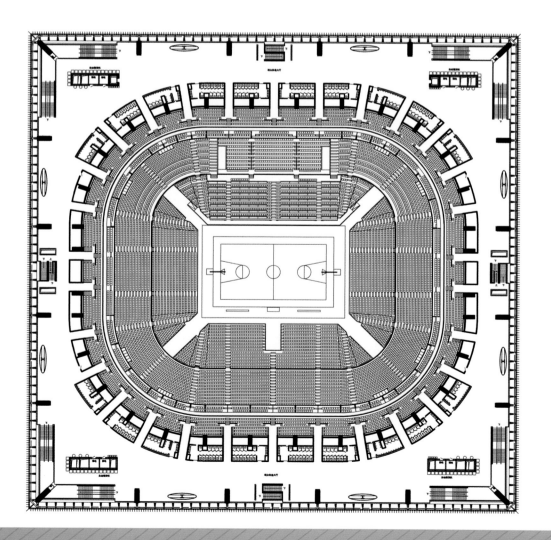

三层平面

郑州奥林匹克体育中心

工程档案

建筑设计：北京建筑设计研究院
项目地址：河南省郑州市
用地面积：36hm²
占地面积：28223m²
建筑面积：164844m²
建筑密度：7.84%
绿化率：36%

项目概况

　　将山西深厚的文化内涵通过现代设计手段延伸至建筑语汇中，整个建筑群寓意深刻而又大气磅礴。主体育场的构思源于对山西民俗特色的大红灯笼和大鼓的印象，它象征着三晋人民对美好生活的期望。将灯笼的编织手法巧妙地运用到主体育场的幕墙结构体系中，并提取剪纸艺术的图案进行抽象来匹配金属盒玻璃材质。

　　连为一体的自行车馆、体育馆和游泳跳水馆以及综合训练馆，分别以流畅的曲线为基本造型，隐喻着汾河与太原人民之间的不解情缘。

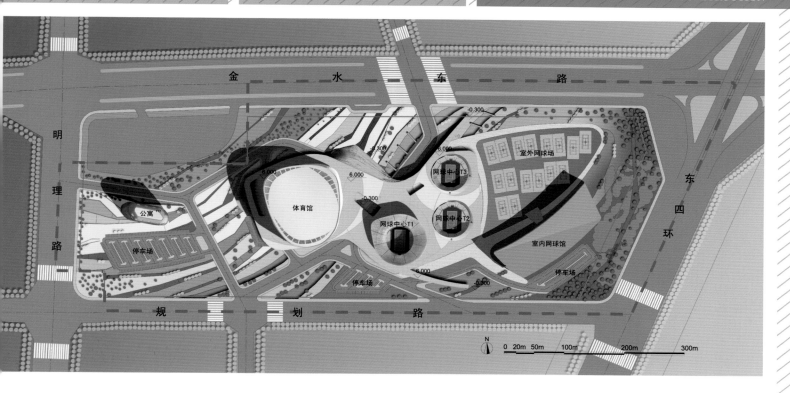

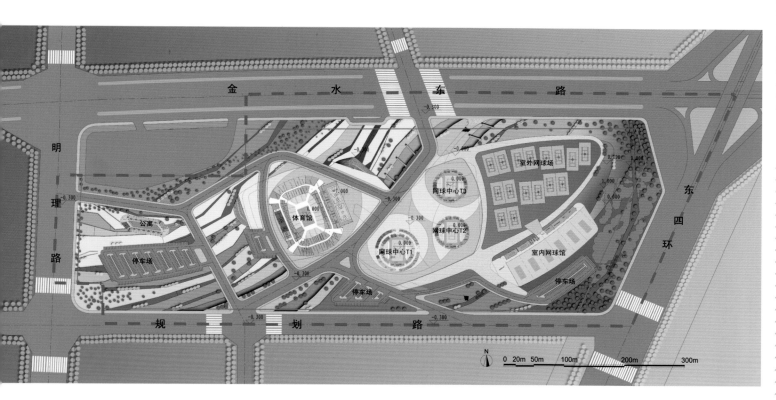

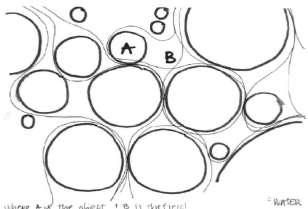

Where A is the object + B is the field
A and B are the same state, but can't mix
object moves freely around the field — but bends to accept it

= WATER

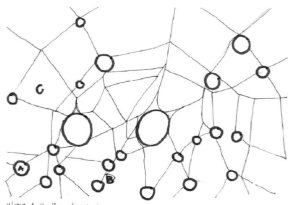

Where A is the object, B is the path — the connections in tension between
the A(s), and C is the field — negative space — void.

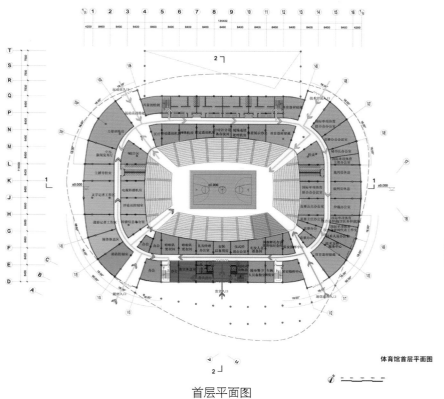

首层平面图

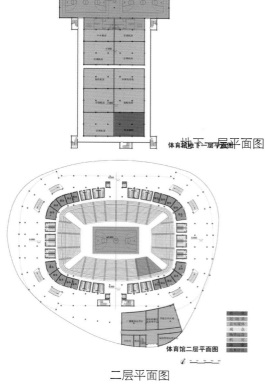

二层平面图

当代中国建筑方案集成 3 医疗体育

大连市体育中心

工程档案

建筑设计：哈尔滨工业大学建筑设计研究院
项目地址：辽宁省大连市
用地面积：80hm²
建筑面积：125000m²（体育场）
　　　　　54500m²（体育馆）
　　　　　36000m²（网球中心）
　　　　　98700m²（训练基地）

项目概况

　　大连市体育中心位于大连市南关岭朱棋路以西，岭西路以北，规划总占地 80hm²，建设内容包括主体育场、体育馆、游泳馆、网球中心、棒球场及大连市体育训练基地。在城市空间战略上，体育中心规划选址突出体现了大连市"西拓北进"的城市发展思路，西拓至旅顺、北扩至金州，构筑"两城"（即大连主城区与大连新市区）的空间格局。作为新城市中心区的启动项目，体育中心除了为全运会及赛后的观演及体育运动、休闲娱乐、商业活动提供功能完备的场所设施，更成为推动北部新城发展的催化剂，吸引投资，整合带动城市周边区域发展，改善城市空间环境。

概念草图

鸟瞰效果图

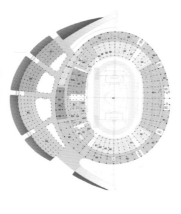 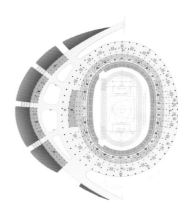 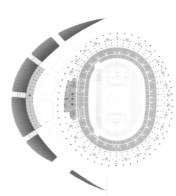 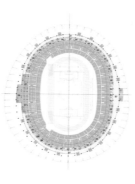

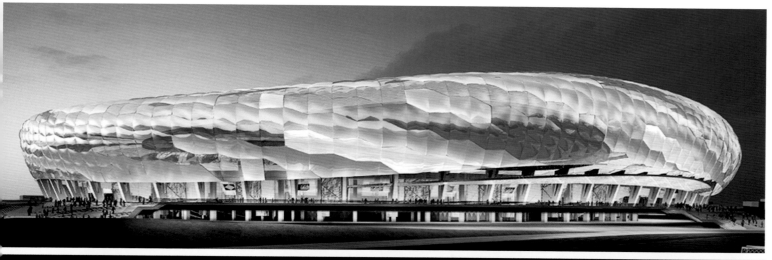

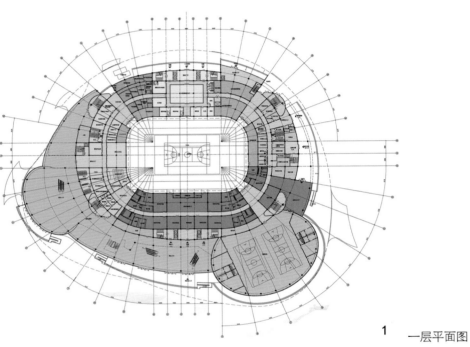

1　一层平面图

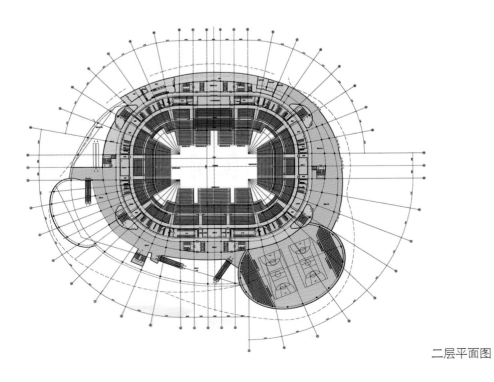

二层平面图

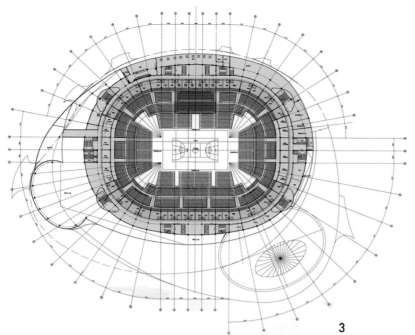

3　　　三层平面图

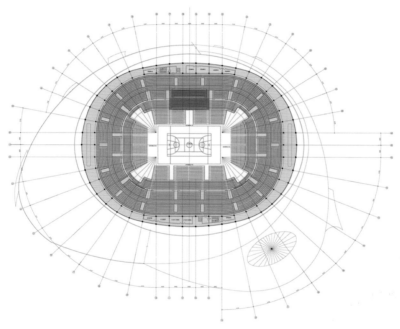

四层平面图

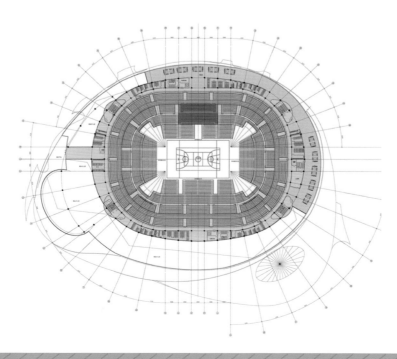

五层平面图

鄂尔多斯冰雪运动中心工程

工程档案

建筑设计：哈尔滨工业大学建筑设计研究院
项目地址：内蒙古鄂尔多斯
用地面积：80hm²
建筑面积：1.8hm²（冰球场）
　　　　　1.1hm²（训练馆）
　　　　　6hm²（室内滑雪场）

设计理念

　　在建筑单体设计中，将三个建筑体融合为两个主体部分进行设计，一个是滑冰馆主馆部分，一个是室内滑雪场与滑冰馆副馆结合的部分。主滑冰馆的设计灵感主要来自于晶莹剔透的冰晶，晶光闪耀、亮丽夺目的视觉效果力图将其打造成为鄂尔多斯新城区的一颗闪耀的明星；室内滑雪场和副滑冰馆的结合体部分的在设计上突出强调了与周围体育中心主要构架体的呼应，是整个体育中心区域成为一个完整的和谐、统一体。总图上，室内滑雪场柔和的曲线与周围现有体育中心形态很好的融合在一起，力图打造气势磅礴的鄂尔多斯大型体育中心，从而带动周边乃至整个城市的经济、文化、商业的发展；主滑冰馆部分则作为该建筑综合体的一个亮点，起到了点睛笔的的作用。

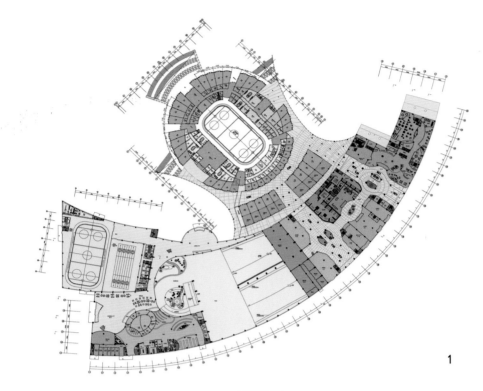

1

一层平面图

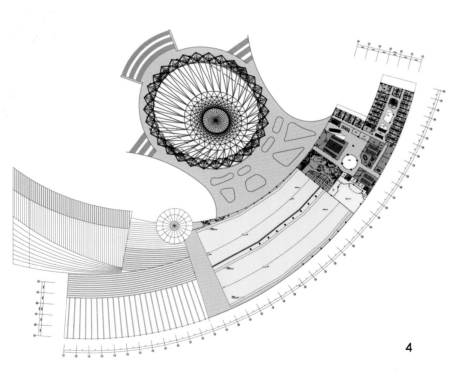

4

四层平面图

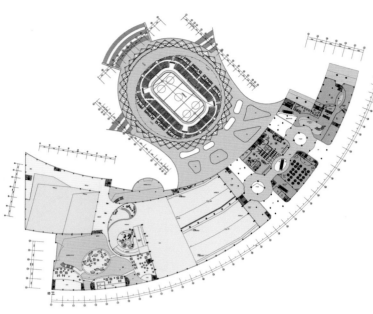

二层平面图

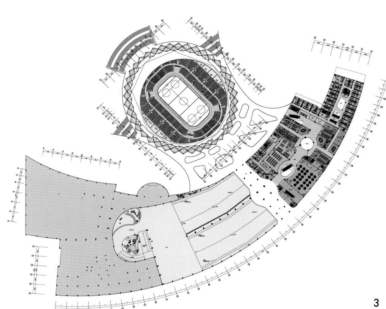

3

三层平面图

261

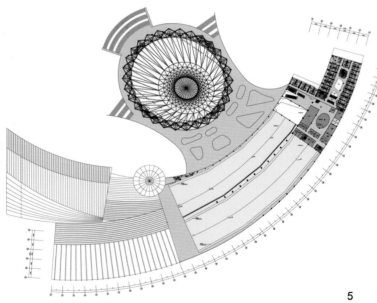

5

五层平面图

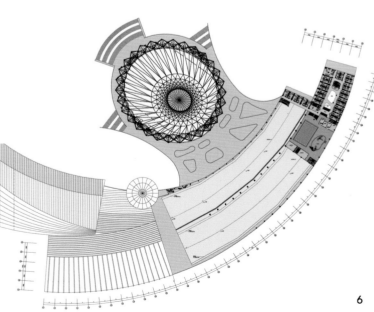

6

六层平面图

克拉玛依雅典娜综合游泳馆改扩建工程建筑设计

工程档案

建筑设计：哈尔滨工业大学建筑设计研究院
项目地址：新疆克拉玛依
用地面积：80hm²
建筑面积：2.75hm²
　　其中：1.43hm²（老建筑面积）
　　　　　1.32hm²（新建筑面积）

项目概况

　　新疆是一片山鹰的国土，天高云淡，鹰击长空，该方案造型就取自新疆常见的雄鹰展翅的意向。与这一地区的特有的鹰文化紧密联系，在人们内心产生共鸣。

　　体育馆结合功能高度塑造出舒展、轻盈、大气的游泳馆外观，体现出新疆的鹰文化和游泳馆轻巧的水文化，同时也折射出新疆克拉玛依展翅腾飞的时代精神。

　　建筑在雅丹地貌上获得灵感，反映出新时期克拉玛依人坚韧不拔的精神风貌和克拉玛依强劲的发展势头。

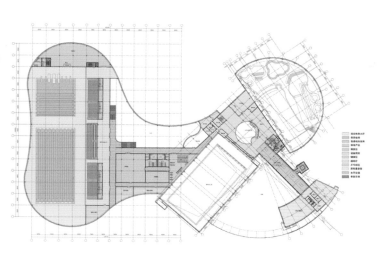

游泳馆二层平面图

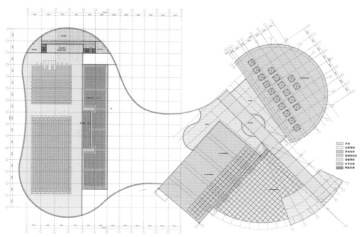

游泳馆三层平面图

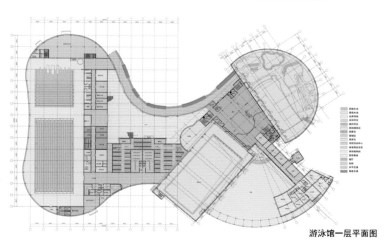

游泳馆一层平面图

透视效果图

体育馆透视图

凌源市体育中心规划及建筑设计

当代中国建筑方案集成 3 医疗体育

工程档案

建筑设计：哈尔滨工业大学建筑设计研究院
项目地址：辽宁省朝阳市凌源市
用地面积：80hm²
建筑面积：1.15hm²（体育馆）
　　　　　0.65hm²（体育场）
　　　　　0.35hm²（全民健身馆）

项目概况

　　"南有云南，北有凌源"，辽宁凌源作为北方最大的百合生产基地，素有中国北方花都之称。方案的创作灵感来源于百合花高雅纯洁的独特造型，通过三个错落有致的百合花瓣构成体育中心的整体形象，建筑形体自然有序，起伏有致，具有强烈的动感。建筑形象自由、灵动，舒展的建筑布局和简洁现代的设计手法又体现出体育建筑的宏伟大气，具有鲜明的建筑特色。体育中心的整个建筑群体犹如一朵绽放的百合，象征了经济繁荣和城市的发展。

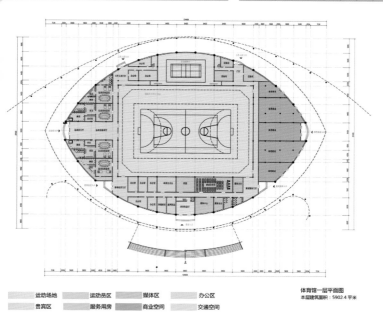

运动场地　运动员区　媒体区　办公区
贵宾区　服务用房　商业空间　交通空间

体育馆一层平面图
本层建筑面积：5902.4 平米

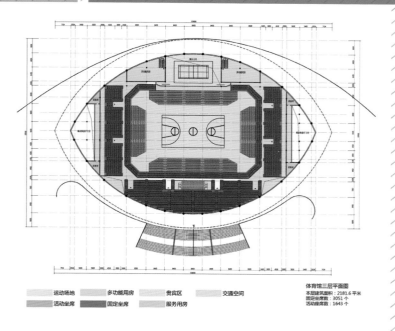

运动场地　多功能用房　贵宾区　交通空间
活动坐席　固定坐席　服务用房

体育馆三层平面图
本层建筑面积：2181.6 平米
固定坐席数：3051 个
活动座席数：1643 个

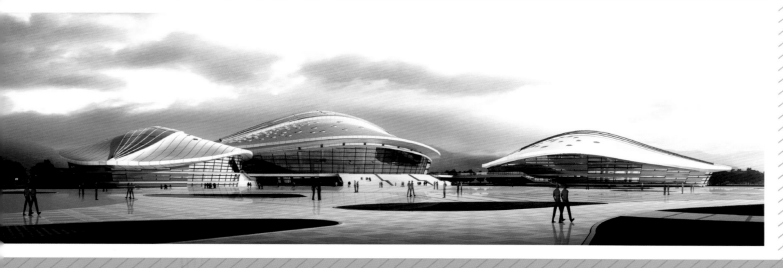

内蒙古自治区冬训基地

工程档案

建筑设计：哈尔滨工业大学建筑设计研究院
项目地址：内蒙古
用地面积：229775m²
建筑面积：26926m²（速度滑冰馆）
　　　　　10369m²（冰球馆）
　　　　　13972m²（公寓和食堂）

项目概况

　　该方案在规划上采用了比较规整的布局方式，各建筑之间呈现出围绕的态势，整体共同组成呼伦贝尔冰上运动基地；

　　建筑的围合象征着各民族之间的团结，互助，友爱；

　　规划上的场地设计遵从建筑设计理念，呈带状设计，仿佛从建筑伸出一条条哈达延伸出来，欢迎，迎接着到来的人群；

　　各建筑单体通过二层连廊相连，完全实现了运动员训练室内化的模式，充分适应海拉尔地区冬季的寒冷的气候，同时围合出的内部训练空间具有一定的私密性。

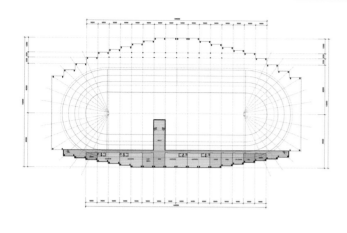

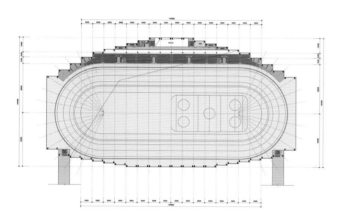

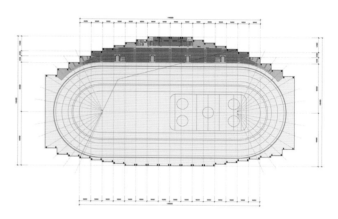

哈达，是内蒙古人民作为礼仪用的丝织品在内蒙代表着最真诚的感情，寄托着最美好的祝愿，标志着最崇高的敬意。

带状的场地布置配合着有韵律的建筑单体正是隐喻着一条条的纯净的哈达，象征着呼伦贝尔对各族人民的欢迎之意，也预示着呼伦贝尔必将迎接更加美好的未来。

普兰店体育场搬迁改造项目

工程档案

建筑设计：哈尔滨工业大学建筑设计研究院
项目地址：辽宁省大连市普兰店市
用地面积：18.8hm²
建筑面积：72471m²
建设内容：体育场 体育馆 游泳馆

项目概况

　　普兰店体育场搬迁改造项目位于普兰店新区核心区域，包含 3 万人体育场、6000人体育馆、市民健身中心及一座标准游泳馆，是城市未来重要的建筑景观标志点。建筑形象从自然环境和城市地域文脉中提取意向特征，建筑群好似一朵水上绽放的千年古莲，象征着城市的和谐发展，暗喻了坚韧不拔的莲城城市精神。建筑同时呼应渤海沿岸的地域特征，其形态寓意了海浪的动势。建筑从侧面看也表现了一种前进的动态，并与大片平静的"水面"结合，演绎着具有魅力的城市空间。

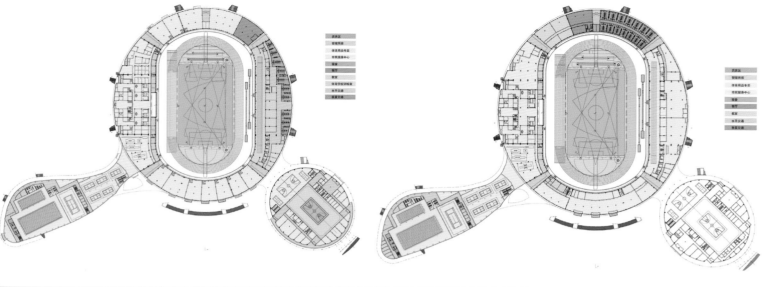

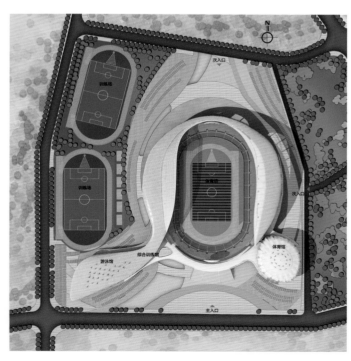

第十三届全国冬季运动会冰上项目场馆工程

工程档案

建筑设计：哈尔滨工业大学建筑设计研究院
项目地址：新疆
用地面积：366850m²
建筑面积：12000m²（冰球 馆）
　　　　　4000m²（冰壶馆）
　　　　　18281m²（公寓和食堂）
　　　　　6200m²（组委会及媒体中心）

项目概况

　　本项目用地位于天山山脉北麓，占地面积500亩，建筑总面积80000m²。以连绵的天山为大背景，东面是高耸的博格达峰，东北方向与天池遥相呼应。北面面向乌鲁木齐市区。

　　传统以竞技为核心内容的体育中心已经难以适应现代人的生活需求，本方案在满足高标准冰上项目比赛功能要求的同时，以体育竞技与全民健身及休闲相结合为设计原则，力图打造独具西域风情的冰雪主题运动公园。我们从新疆特有的地域景色、传统文化中汲取灵感，紧扣冰雪主题，提出了"丝·路·花·谷"的设计理念，展现新疆的灿烂文化和地域美景。

　　丝——层层放射的肌理描绘飘舞丝缎的古风神韵，彰显丝绸文化。

　　路——飘逸的平台不仅是对丝绸之路的回顾，同样寓意新疆发展的康庄大道。

　　花——五个建筑体犹如雪莲花瓣，绽放英姿。

　　谷——建筑延续连绵的天山形象，营造出一个群山环抱的雪山花谷。

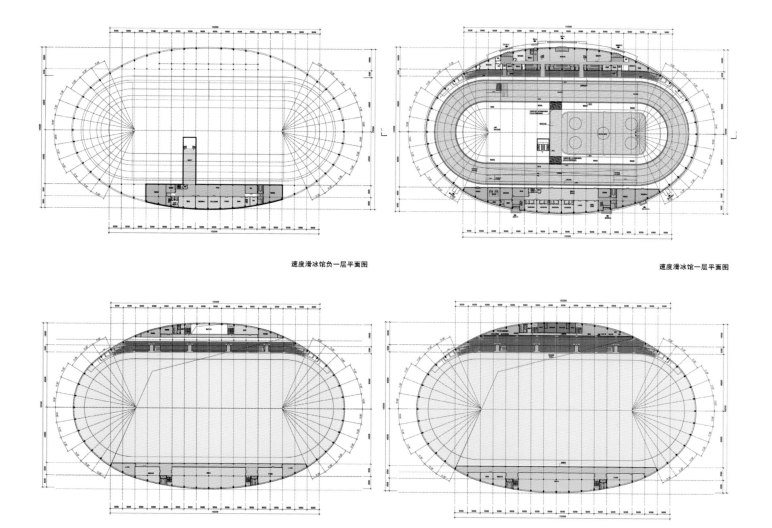

速度滑冰馆负一层平面图   速度滑冰馆一层平面图

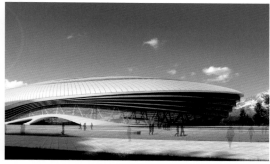

温州奥体中心主体育场工程及温州体育运动学校永中校区工程

工程档案

建筑设计：哈尔滨工业大学建筑设计研究院
项目地址：浙江省温州市
用地面积：677290.05m²
建筑面积：108513.85m²（冰球 馆）
　　　　　28120m²（体育综合馆）
　　　　　269995.95m²（体育运动学校）
　　　　　6200m²（组委会及媒体中心）

项目概况

　　温州，一座山水江海交融的滨海城市，是一座充满生机活力的城市，也是一座充满智慧与故事的城市。

　　本次温州奥体中心与体育学校的规划设计中，我们以"rong"作为设计理念。

　　海纳百川，有容乃大，"容"——包容的胸襟、承载的责任；落地生根，独木成林，"榕"——古树中的佼佼者，虽久经沧桑，依然盛而不衰。山水交融，融汇贯通，"融"——温州历史与文化的融合，是活力与激情的融汇，是魅力与梦幻的交融；三生融合，荣耀温州，"荣"——对温州荣盛的历史文化底蕴的承载，是对温州当今繁荣昌盛的境况的呈现，是对温州未来欣欣向荣，蓬勃发展的展望。

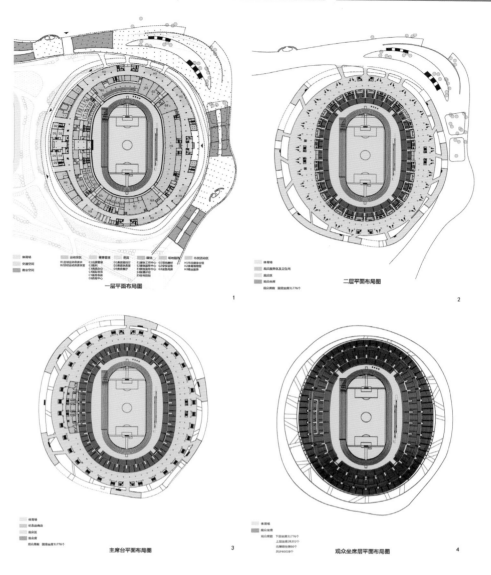

一层平面布局图

1

二层平面布局图

2

主席台平面布局图

3

观众坐席层平面布局图

4

延吉市综合体育场 多功能体育馆 滑冰馆工程方案

工程档案

建筑设计：哈尔滨工业大学建筑设计研究院
项目地址：吉林省延吉市
用地面积：284000m²
建筑面积：44000m²（体育场）
　　　　　12560m²（体育馆）
　　　　　5400m²（滑冰馆）

项目概况

　　延吉市是延边朝鲜族自治州的首府城市，是全州政治，经济，文化的象征，有着浓郁的民族文化气息和独特的历史地域色彩。在形象的塑造上我们将朝鲜的国花金达莱花作为形象意向，意为"盛开的金达莱"，运用朝鲜族最为喜爱的白色和传统建筑中的灰色作为主要的色调来彰显其地域性，标志性和时代性。在体育场的造型中采用金达莱花瓣的形式，在满足技术要求的同时展现了延吉的特有风格。体育馆和滑冰馆采用了坡屋顶的形式，并赋予现代元素，既与自然环境相融合又富有现代气息，用庄严稳重来衬托体育场的轻盈活泼。

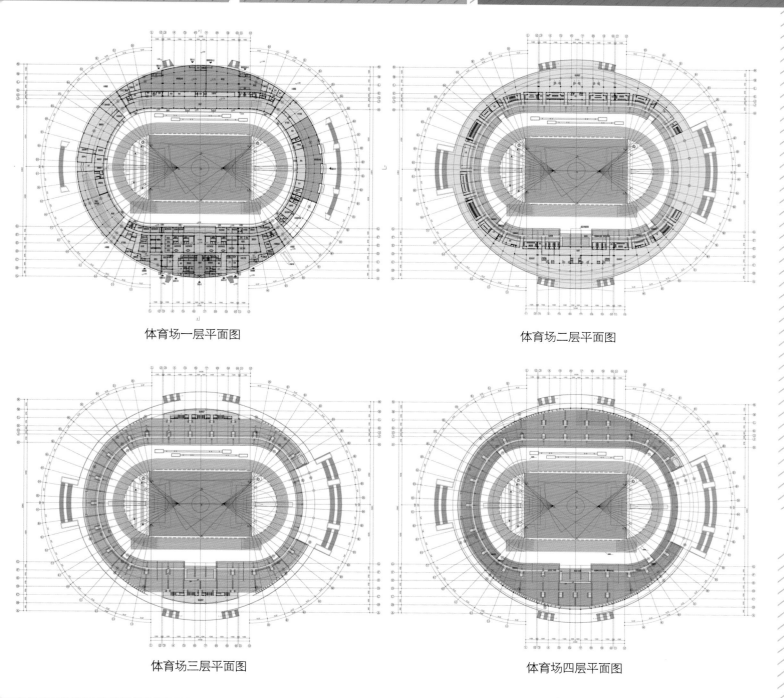

体育场一层平面图

体育场二层平面图

体育场三层平面图

体育场四层平面图

漳州奥林匹克体育公园规划设计方案

工程档案

建筑设计：哈尔滨工业大学建筑设计研究院
项目地址：福建省漳州市
用地面积：20hm²
建筑面积：29000m²（体育大厦）
　　　　　20984m²（游泳馆）
　　　　　4510m²（网球馆）
　　　　　21598m²（重竞技馆）
　　　　　3500m²（棒球馆）

项目概况

　　漳州奥林匹克体育公园位于漳州市中心城区九龙江西溪南岸，龙江大桥西侧，北与漳州市行政中心区隔江相望，处于城市南北景观轴线上的重要节点。整体规划用地约 371 亩，一期建设项目游泳馆、网球馆，二期建设项目为体育场、体育大厦、重竞技馆、棒球场。

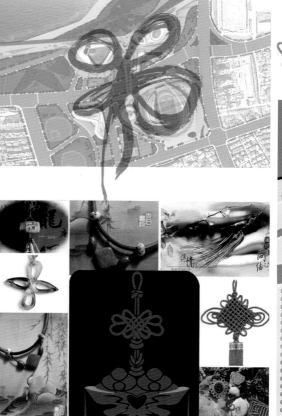

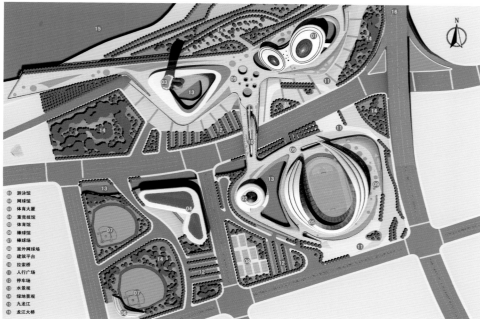

① 游泳馆
② 网球馆
③ 体育大厦
④ 重技馆
⑤ 体育馆
⑥ 棒球馆
⑦ 棒球场
⑧ 室外网球场
⑨ 建筑平台
⑩ 拉索桥
⑪ 人行广场
⑫ 停车场
⑬ 水景观
⑭ 绿地景观
⑮ 九龙江
⑯ 龙江大桥

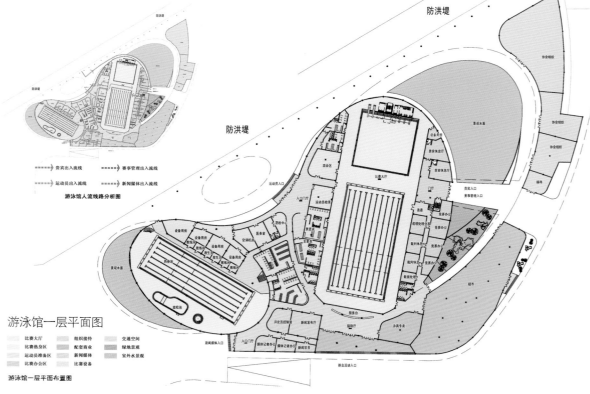

防洪堤

防洪堤

防洪堤

贵宾出入流线   赛事管理出入流线
运动员出入流线   新闻媒体出入流线
游泳馆人流路线分析图

游泳馆一层平面图

比赛大厅   组织接待   交通空间
比赛热身区   配套商业   绿地景观
运动员准备区 新闻媒体   室外水景观
比赛办公区   比赛设备

游泳馆一层平面布置图

大同体育中心

工程档案

建筑设计：中建国际设计顾问有限公司
项目地址：山西大同
用地面积：28.4hm²
建筑面积：11hm²

项目概况

　　开工建设的大同市体育中心傍水而建、环境优美，位于御东新区文瀛湖畔，由澳大利亚 POPULOUS 安德鲁和中建国际设计公司合作设计，中国建筑第八工程局承建。项目实际用地 646 亩，总建筑面积 10 万 m²，包括体育场、体育馆、训练馆和游泳馆，总投资为 12 亿元人民币。

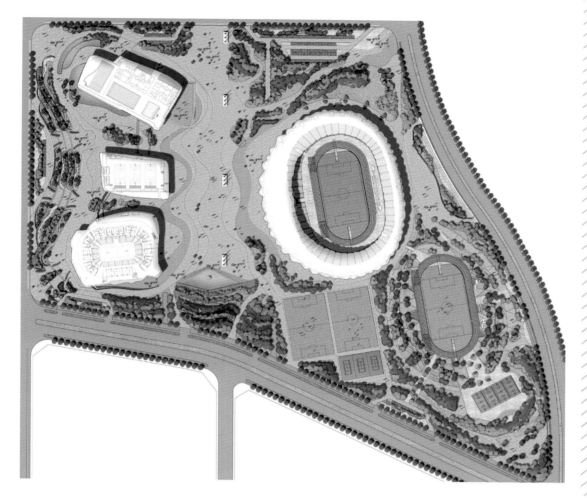

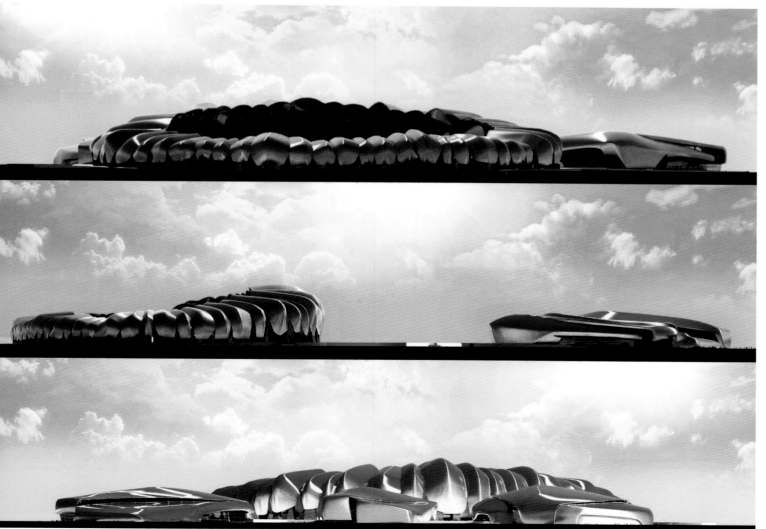

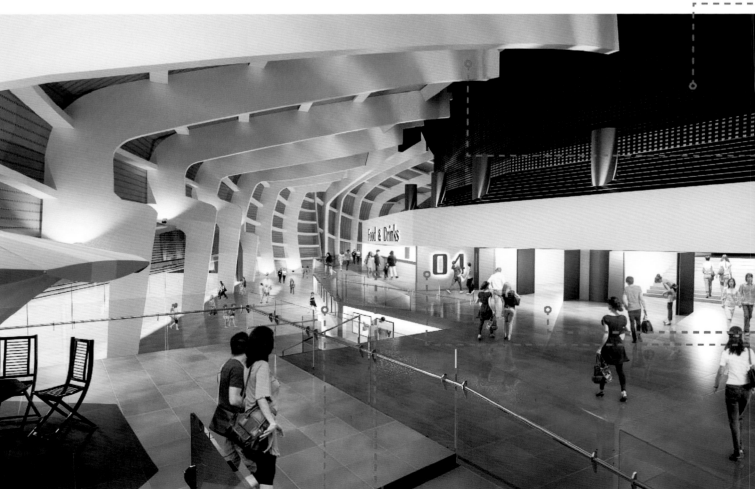

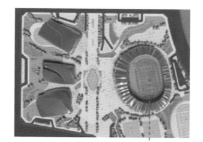

水平百叶幕墙　　horizontal red louvred facade screen

屋顶的天壁柱采用随机布置的当地天然毛面红色/黄色石材条板　　roof column buttresses clad with local, natural, rough red/yellow stone strips, patterned randomly

涂喷纤维水泥板吊顶配筒灯　　painted flush set fibre cement ceiling with recessed down lights

自然的、有泥土气息的、乡土的元素用于衬映陕西省的景观　　natural, earthy, and rustic elements that reflect the landscape of Shanxi province

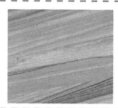
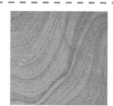

室内天然石幕墙采用喷涂钢龙骨并在背后有重点照明　　internal facade screen of natural stone hung in powder coated steel frame with accent lighting behind screen

混凝土柱子采用浅色喷涂　　concrete columns to be painted out in a light colour

281

屋顶桁架包覆喷涂铝塑板（若有降声要求可穿孔）　　roof trusses clad with aluminium powder coated panels, perforated if required for acoustic attenuation

地板表面采用经过防滑处理的瓷砖或天然石　　floor surface finished with porcelain or natural stone tiles with sufficient slip resistance

观众席背侧幕墙采用彩色的艺术喷涂或者板射到上面的光影图案并配有黑色幕布　　back of bowl screen to have a playful and artistic print or a light pattern projected onto it with a black out curtain behind

体育馆为比赛预告或艺术展览设置的展示墙面　　display wall for arena upcoming event or art exhibition

食品饮料区的高档不锈钢饰面和五金件　　high quality stainless steel fittings and fixtures at food and beverage areas

带有出入口标示的喷漆墙面　　painted wall with vomitory signage

福州海峡奥林匹克体育中心

工程档案

建筑设计：中建国际设计顾问有限公司
项目地址：福建省福州市
建筑面积：390000m²（游泳馆）
　　　　　4510m²（网球馆）
　　　　　21598m²（重竞技馆）
　　　　　3500m²（棒球馆）

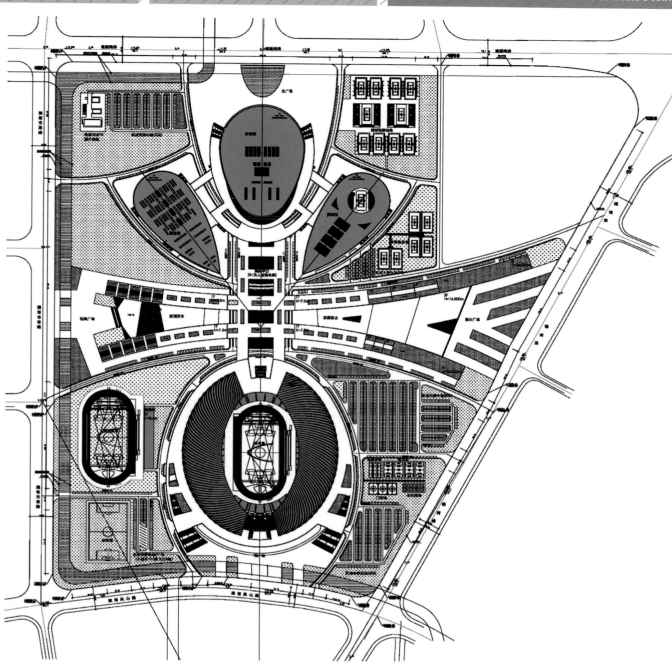

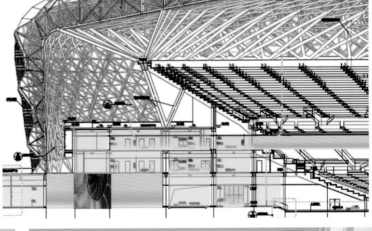

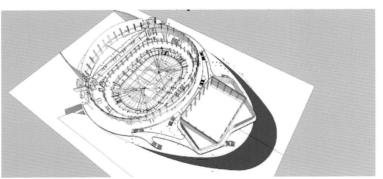

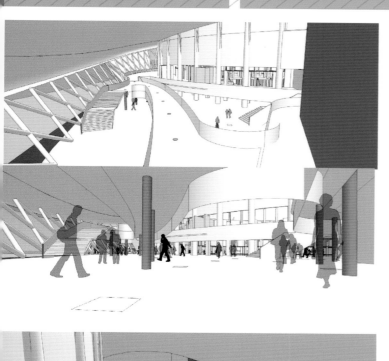

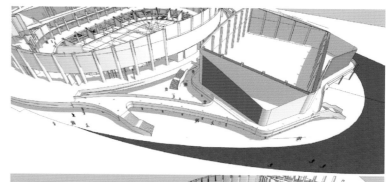
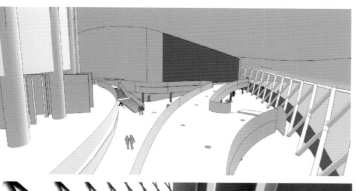
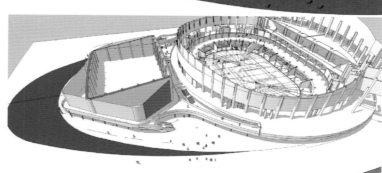

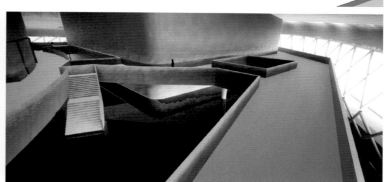

国家网球中心新馆

工程档案

建筑设计：中建国际设计顾问有限公司
项目地址：北京市
用地面积：28.4hm²
建筑面积：4.5hm²

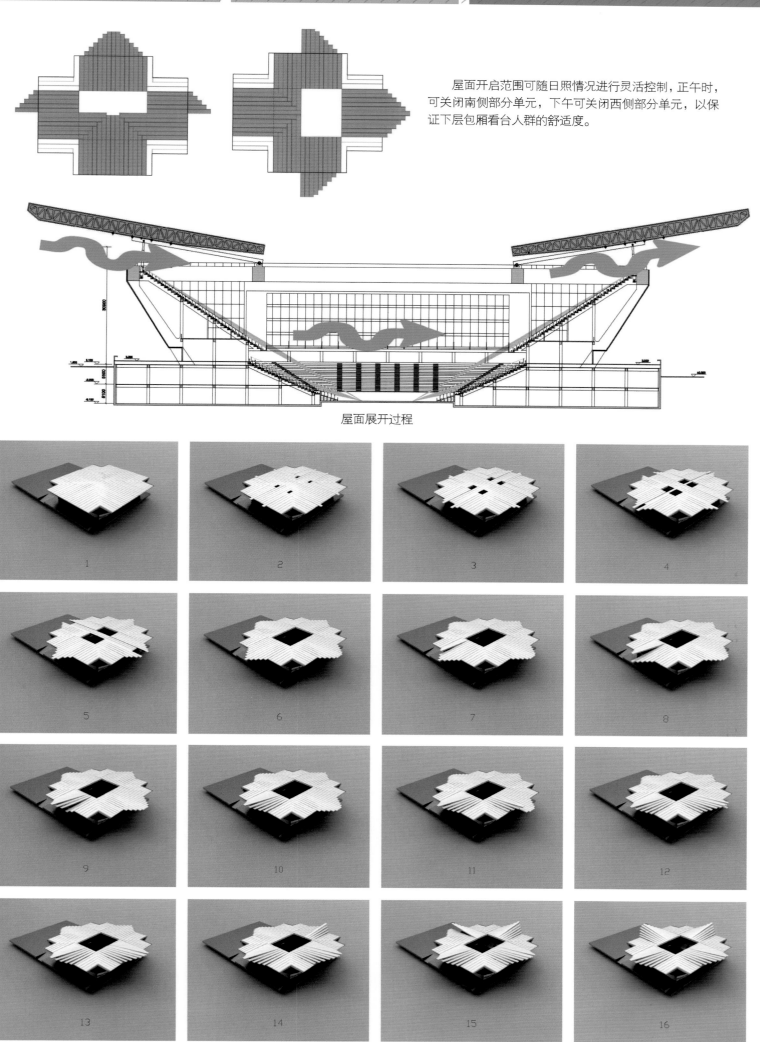

屋面开启范围可随日照情况进行灵活控制，正午时，可关闭南侧部分单元，下午可关闭西侧部分单元，以保证下层包厢看台人群的舒适度。

屋面展开过程

天津西青区体育设施

工程档案

建筑设计：中建国际设计顾问有限公司
项目地址：天津西青区
建筑面积：1.28hm²

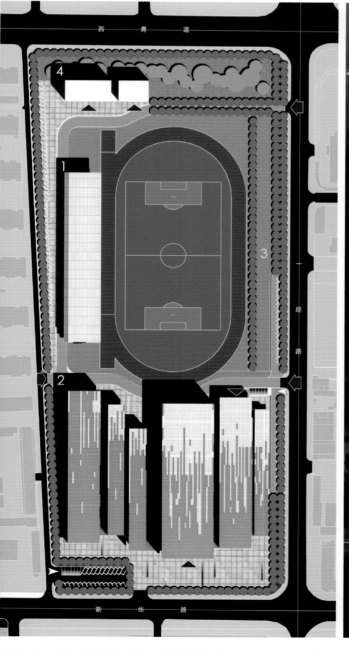

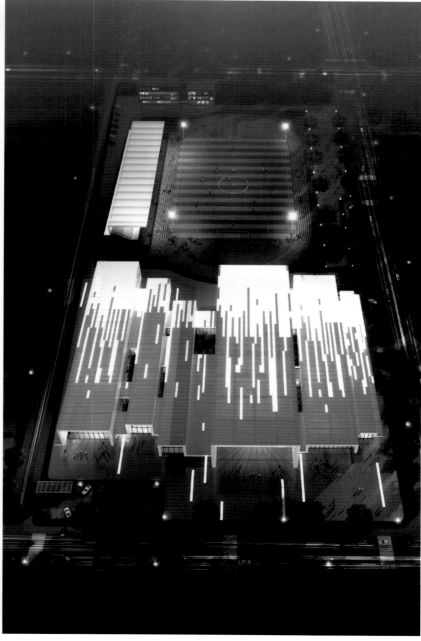

设计的创新源于对传统的审慎再思考

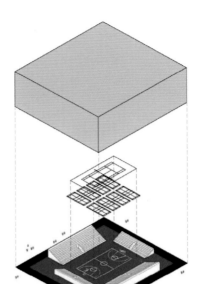

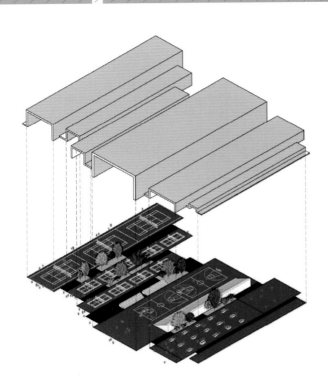

大外壳	化整为零
大跨度	小跨度
高成本	低成本
运动者空间体验不佳	惬意的运动体验

健身、赛事场地叠加	分列并置
空间浪费	空间利用充分
管理繁杂	便于管理
经济效益打折	健身、赛事双创收

内外隔绝	透明、自然
形象冰冷	开放、亲切
与城市生活隔绝	运动成为城市的风景
与自然隔绝	在树丛间运动
通风、采光成本高	杨柳风、艳阳天

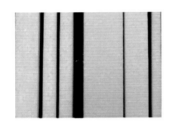

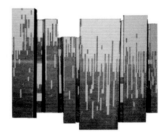

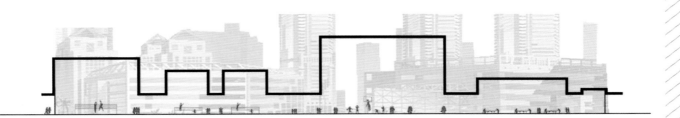

空间意象： 透明 开放 亲民
城市是运动的背景，运动是城市的风景

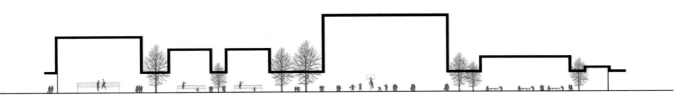

空间意象： 绿色 自然 低碳
在树丛间运动，享受杨柳风、艳阳天

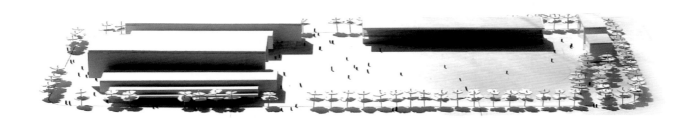

客家围屋 —— 惠州奥林匹克体育馆

工程档案

建筑设计：中建国际设计顾问有限公司
项目地址：广东省惠州市
占地面积：21 hm²
建筑面积：4.87 hm²

项目概况

惠州奥林匹克体育场是举办第十三届省运会的主会场，将承担省运会的开幕式和田径、网球等赛事。该项目总用地面积41万平方米，由体育场主场、体育副场、网球中心、运动员检录处、全民健身广场、停车场、室外广场、景观沟渠及排洪箱涵等9个单位工程组成，总投资约9亿元。主场设计以"盛世舞台"为理念，造型采用岭南客家围屋和客家斗笠的形式，体现人文、绿色、和谐的主题和惠州本土文化气息，成为新的"惠州围屋"。奥林匹克体育场主场总建筑面积6.6万平方米，可容纳4万名观众，是一座节能环保的现代化体育场，场馆设计和施工采用大量国内领先的新技术、新材料、新工艺和节能环保系统，设计了先进的消防、综合布线、给排水、电气、通风排烟和体育设施系统。

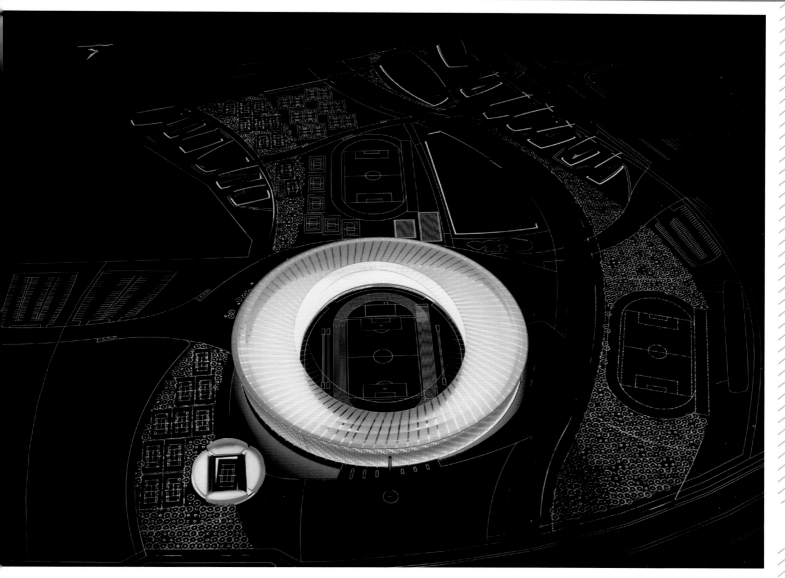

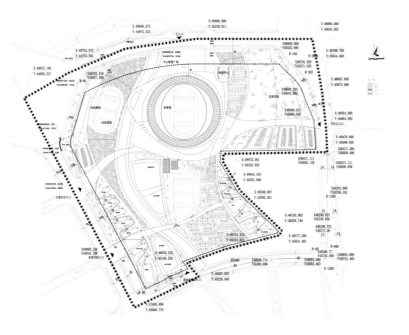

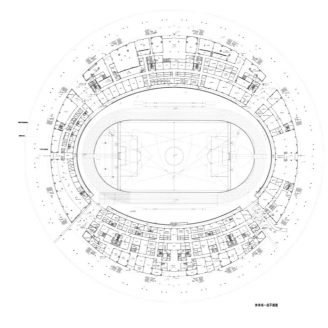

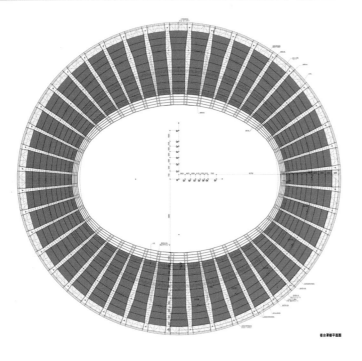

看台罩棚平面图

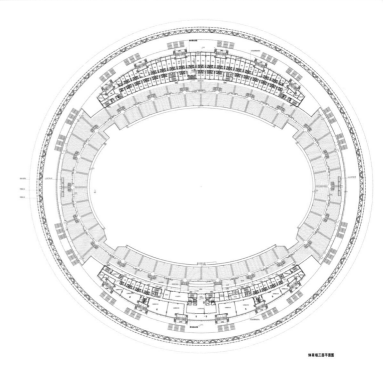

体育场三层平面图

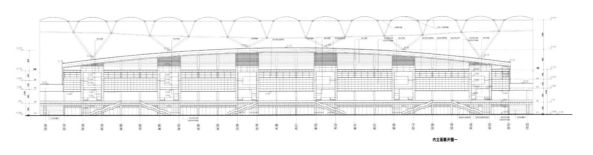

内立面展开图一

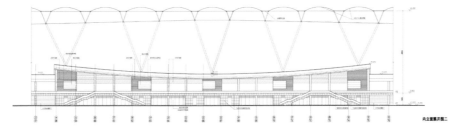

内立面展开图二

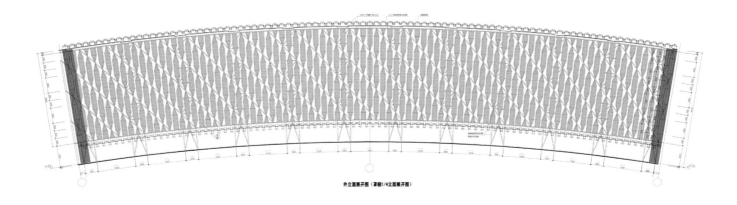

外立面展开图（罩棚1/4立面展开图）

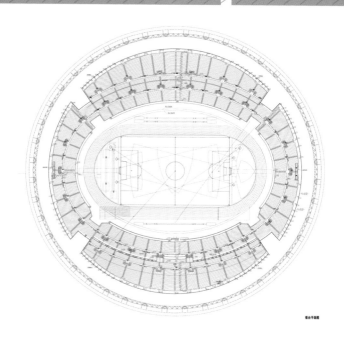

看台平面图

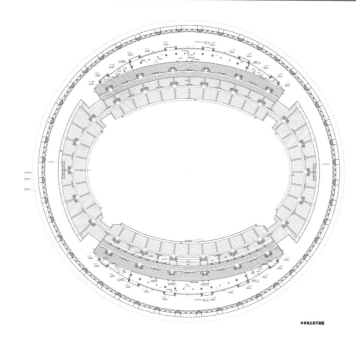

体育场五层平面图

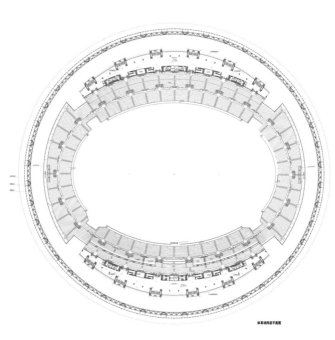

体育场四层平面图

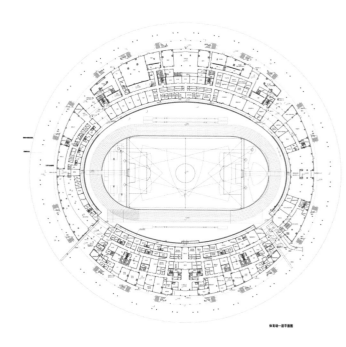

体育场一层平面图

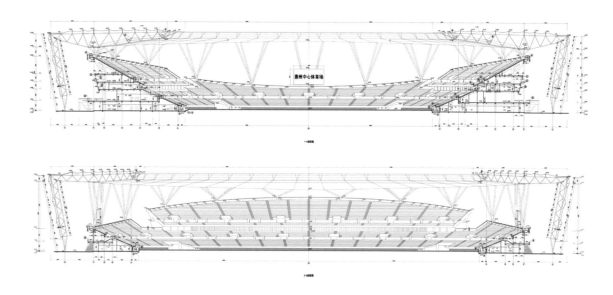

惠州中心体育场

南京青奥体育公园规划

工程档案

建筑设计：东南大学建筑设计研究院
项目地址：江苏省南京市
建筑面积：84.81hm²

设计理念

　　该规划的设计理念首先是体现青年人的充满活力的特点，表现与江、河"水"的关系，因此本次的规划调整在布局结构、建筑造型上紧扣这个主题，通过富有流动感和张力的曲线，把"波浪""潮涌""水滴"等自然造型抽象成为场地和建筑的规划设计元素。其次，通过轮船造型的标志性建筑寓意长江之舟，要体现青年人志向远大，不怕困难奋勇前进的拼搏精神。规划中的滨江船型青奥赛场辅助用房如同巨型邮轮在长江上破浪航行，曲线形的跨河步行桥犹如涌动的长江潮水在轻轻地拍打江岸，而堤坝内外的休闲运动场地则象一滴滴溅起的浪花撒布在青奥公园内。另外，市级体育中心的体育场馆犹如长江之中的一片水涡，通过水纹状的大平台与跨河步行桥相连，与河对岸"长江之舟"造型意向的青奥赛场辅助用房遥相呼应，"青春活力、潮涌浦口"的规划理念一气呵成，充分发挥了临江靠河的独特场地特征和独具特色的"水文化"。

　　为办好2013年亚青会和2014年青奥会，满足青奥会曲棍球、小轮车、橄榄球、沙滩排球等竞赛项目举办的需要，进一步完善江北地区竞技体育及全民体育设施建设，满足全民健身需求，南京市政府决定在浦口新城建设南京青奥体育公园作为亚青会和青奥会的分赛场。

　　南京青奥体育公园位于南京市浦口新城核心区西北角，纬七路过江隧道出口以南、临江路以东、城南河路以北、滨江大道以西、横跨城南河，用地面积约730亩。从奥体中心经纬七路过江隧道至此地点约24km，约25分钟车程。

　　该用地范围地理位置好，交通便利，有山有水，生态环境良好。区位优势更为明显的是，该地块是隔江相望的河西新城体育文化轴（奥体中心）商业文化轴（RBD）、青奥中心轴三条城市重要轴线的跨江交汇点，规划条件优越，在此建设南京青奥体育公园，符合青奥会要求，留下青奥遗产将惠及南京市民。

规划方案构思

　　1.用地相对集中：A地块包含青奥会赛场及附属设施以及青少年奥林匹克培训中心，其建筑单体数量多、体量小，与城南河北岸的市级体育中心的大体量建筑难以抗衡，而且A地块内需要容纳两个橄榄球场、六片足球场地、三个曲棍球场地等大量室外场地，分散的建筑布局将浪费大量用地，难以形成有序的布局，因此我们将A地块的建筑集中布置，围绕滨江大道主入口形成一个四层高的S形体量，通过高低两组人行跨河步道与B地块连接，整个地块内建筑布局匀成，避免了北重南轻的不稳定感。

　　2."纽带"状序列空间：地块中部的规划道路两侧形成开放的中心市民活动空间，以"纽带"状的南北向步行廊道作为景观轴线串联北侧体育中心的北入口广场、西入口广场，以及南侧会展中心的西入口广场、室外展场、南礼仪广场，形成开合有序、富有节奏和立体层次、完整连贯的城市开放空间序列。

　　3.城南河南北互动…城南河两侧建筑以五彩飘带的形式相互呼应，并且以高低错落的两条带形步行天桥相互联系。

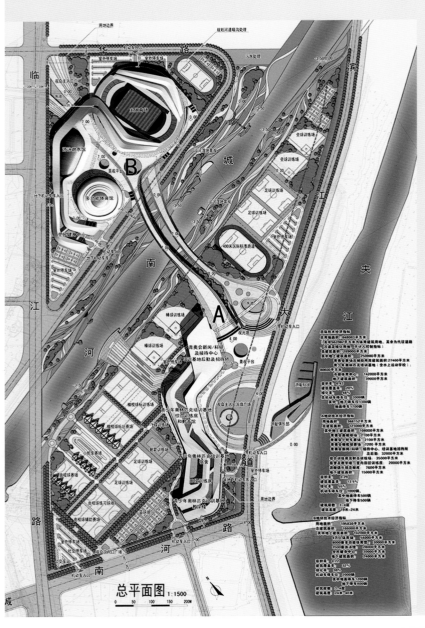

总平面图 1:1500

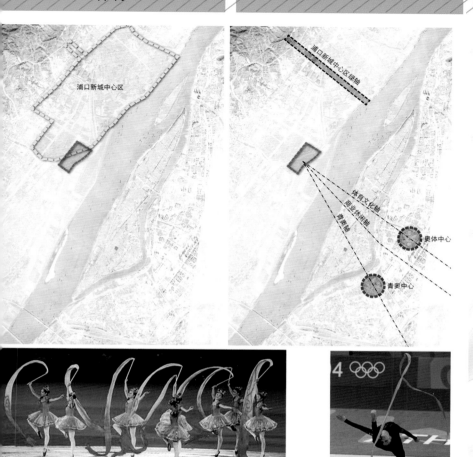

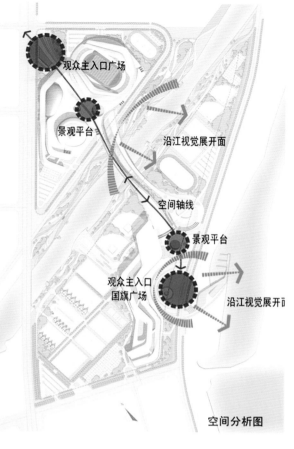

空间分析图